高等教育工业设计专业系列实验教材

产品系统设计
PRODUCT SYSTEM DESIGN

存在、改变与建构
EXIST , CHANGE AND CREATE

周晓江　肖金花　刘青春　主　编

中国建筑工业出版社

图书在版编目（CIP）数据

产品系统设计：存在、改变与建构／周晓江，肖金花，刘青春主编．—北京：中国建筑工业出版社，2020.5
高等教育工业设计专业系列实验教材
ISBN 978-7-112-24886-5

Ⅰ．①产… Ⅱ．①周… ②肖… ③刘… Ⅲ．①产品设计－系统设计－高等学校－教材 Ⅳ．①TB472

中国版本图书馆CIP数据核字（2020）第031260号

责任编辑：吴　绫　贺　伟　唐　旭　李东禧
书籍设计：钱　哲
责任校对：赵　菲

本书受中国计量大学重点教材建设项目资助

本书附赠配套课件，如有需求，请发送邮件至1922387241@qq.com获取，并注明所要文件的书名。

高等教育工业设计专业系列实验教材
产品系统设计 存在、改变与建构
周晓江　肖金花　刘青春　主编
*
中国建筑工业出版社出版、发行（北京海淀三里河路9号）
各地新华书店、建筑书店经销
北京锋尚制版有限公司制版
天津图文方嘉印刷有限公司印刷
*
开本：850×1168毫米　1/16　印张：8¾　字数：228千字
2020年6月第一版　2020年6月第一次印刷
定价：**56.00**元（赠课件）
ISBN 978-7-112-24886-5
（35621）

“高等教育工业设计专业系列实验教材”编委会

总序

FOREWORD

仅仅为了需求的话，也许目前的消费品与住房设计基本满足人的生活所需，为什么我们还在不断地追求设计创新呢?

有人这样评述古希腊的哲人：他们生来是一群把探索自然与人类社会奥秘、追求宇宙真理作为终身使命的人，他们的存在是为了挑战人类思维的极限。因此，他们是一群自寻烦恼的人，如果把实现普世生活作为理想目标的话，也许只需动用他们少量的智力。那么，他们是些什么人? 这么做的目的是为了什么? 回答这样的问题，需要宏大的篇幅才能表述清楚。从能理解的角度看，人类知识的获得与积累，都是从好奇心开始的。知识可分为实用与非实用知识，已知的和未知的知识，探索宇宙自然、社会奥秘与运行规律的知识，称之为与真理相关的知识。

我们曾经对科学的理解并不全面。有句口号是“中学为体，西学为用”，这是显而易见的实用主义观点。只关注看得见的科学，忽略看不见的科学。对科学采取实用主义的态度，是我们常常容易犯的错误。科学包括三个方面：一是自然科学，其研究对象是自然和人类本身，认识和积累知识；二是人文科学，其研究对象是人的精神，探索人生智慧；三是技术科学，研究对象是生产物质财富，满足人的生活需求。三个方面互为依存、不可分割。而设计学科正处于三大科学的交汇点上，融合自然科学、人文科学和技术科学，为人类创造丰富的物质财富和新的生活方式，有学者称之为人类未来“不被毁灭的第三种智慧”。

当设计被赋予越来越重要的地位时，设计概念不断地被重新定义，学科的边界在哪里? 而设计教育的重要环节——基础教学面临着“教什么”和“怎么教”的问题。目前的基础课定位为：①为专业设计作准备；②专业技能的传授，如手绘、建模能力；③把设计与造型能力等同起来，将设计基础简化为“三大构成”。国内市场上的设计基础课教材仅限于这些内容，对基础教学，我们需要投入更多的热情和精力去研究。难点在哪里?

王受之教授曾坦言：“时至今日，从事现代设计史和设计理论研究的专业人员，还是凤毛麟角，不少国家至今还没有这方面的专业人员。从原因上看，道理很简单，设计是一门实用性极强的学科，它的目标是市场，而不是研究所或书斋，设计现象的复杂性就在于它既是文化现象同时又是商业现象，很少有其他的活动会兼有这两个看上去对立的背景之双重影响。”这段话道出了设计学科的某些特性。设计活动的本质属性在于它的实践性，要从文化的角度去研究它，同时又要从商业发展的角度去看待它，它多变但缺乏恒常的特性，给欲对设计学科进行深入的学理研究带来困难。如果换个角度思考也许会有帮助，正是因为设计活动具有鲜明的实践特性，才不能归纳到以理性分析见长的纯理论研究领域。实践、直觉、经验并非低人一等，理性、逻辑也并非高人一等。结合设计实践讨论理论问题和设计教育问题，对建设设计学科有实质性好处。

对此，本套教材强调基础教学的"实践性"、"实验性"和"通识性"。每本教材的整体布局统一为三大板块。第一部分：课程导论，包含课程的基本概念、发展沿革、设计原则和评价标准；第二部分：设计课题与实验，以 3~5 个单元，十余个设计课题为引导，将设计原理和学生的设计思维在课堂上融会贯通，课题的实验性在于让学生有试错容错的空间，不会被书本理论和老师的喜好所限制；第三部分：课程资源导航，为课题设计提供延展性的阅读指引，拓宽设计视野。

本套教材涵盖工业设计、产品设计、多媒体艺术等相关专业，涉及相关专业所需的共同"基础"。教材参编人员是来自浙江省、江苏省十余所设计院校的一线教师，他们长期从事专业教学，尤其在教学改革上有所思考、勇于实践。在此，我们对这些富有情怀的大学老师表示敬意和感谢！此外，还要感谢中国建筑工业出版社在整个教材的策划、出版过程中尽心尽职的指导。

叶丹　教授

2018 年春节

前言

PREFACE

产品系统设计是将系统的思维与方法运用到产品设计中，提出整体性的解决方案。整体性可以从三个层面解读：1）对于有形产品设计来讲，整体性解决方案首先要对产品功能定位，将产品使用属性转化为功能属性，并对功能属性的主次、从属关系进行梳理，建立功能关系图，以此展开具体设计；2）对无形的服务设计而言，服务前中后的整个服务流程中，整体性解决方案要思考服务价值流、服务关键触点以及在这个过程中产生的交互与体验设计，当中会涉及多方利益相关者，这便需要我们借助系统的方法、工具对其进行规划、设计，以保证服务的流畅性，并提出多方共赢的最优方案，此过程往往会触动许多创新的服务模式或商业模式产生；3）对于产品 + 服务的设计，这是设计常态，需要对产品和服务进行集成设计，将技术、用户、商业和创新有机联系起来，解决问题、重构问题，建立包含产品、服务、体验、商业的系统网络，提供整体性解决方案。时代在变，需求在变，将系统观的设计思维应用到产品设计中，也要因设计对象的变化而要有所改变和突破。

本书遵循系统演进历程：存在、改变与建构的思路编写，分课程导论、设计课题与实训、课程资源导航三部分。课程导论阐述系统存在的问题，对课程的学习目的、重点、难点、系统的概念、属性特征等进行讲解；设计课题与实训部分结合作者教学实践，将课程学习的各知识点融在不同的案例中，便于学生理解和掌握；课程资源导航部分包含相关网站、优秀案例、公众号、推荐书目等多形式的自主学习资源，为学生深入学习产品系统设计提供帮助。

限于作者的学识和水平，书中难免存在一些错误和不足，敬请各位专家与读者批评指正。

在编写此书过程中得到了众多的帮助，感谢中国计量大学工业设计专业、产品设计专业历届学生提供了设计作品。

此书献给热爱设计的人。

周晓江　肖金花

2020 年 1 月

课时安排

TEACHING HOURS

■ 建议课时 56

<table>
<tr><th>课程</th><th colspan="2">具体内容</th><th>课时</th></tr>
<tr><td rowspan="8">课程导论
（8 课时）</td><td colspan="2">课程基本概念</td><td rowspan="2">2</td></tr>
<tr><td colspan="2">现代产品价值发展趋势</td></tr>
<tr><td rowspan="5">系统科学简述</td><td>系统的概念</td><td rowspan="6">6</td></tr>
<tr><td>系统的属性特征</td></tr>
<tr><td>系统要素</td></tr>
<tr><td>系统的结构、功能与环境</td></tr>
<tr><td>系统工程方法</td></tr>
<tr><td colspan="2">产品系统设计课程教学评价</td></tr>
<tr><td rowspan="19">设计课题与实训
（48 课时）</td><td rowspan="3">产品设计的系统观</td><td>产品系统观的感知</td><td rowspan="3">4</td></tr>
<tr><td>产品的全生命周期</td></tr>
<tr><td>系统设计从系统的工作计划开始</td></tr>
<tr><td rowspan="2">问题提出与系统目标设定</td><td>产品系统设计调研</td><td>4</td></tr>
<tr><td>产品系统目标设定</td><td>4</td></tr>
<tr><td rowspan="4">产品系统的要素分析</td><td>产品系统功能分析</td><td>4</td></tr>
<tr><td>产品系统 CMF 设计分析</td><td>4</td></tr>
<tr><td>产品系统实现技术分析与选择（选做）</td><td></td></tr>
<tr><td>产品系统市场定位分析</td><td>4</td></tr>
<tr><td rowspan="3">产品系统的设计</td><td>从概念到草图</td><td>4</td></tr>
<tr><td>设计的深入</td><td>4</td></tr>
<tr><td>设计的表现</td><td>4</td></tr>
<tr><td rowspan="5">产品系统服务设计</td><td>服务定义</td><td rowspan="4">4</td></tr>
<tr><td>服务设计流程与方法</td></tr>
<tr><td>服务设计原则</td></tr>
<tr><td>服务设计与交互设计、用户体验设计的区别</td></tr>
<tr><td>服务设计实践</td><td>8</td></tr>
<tr><td rowspan="2">系统验证与测试</td><td>产品系统的验证（选做）</td><td rowspan="2"></td></tr>
<tr><td>目标用户群体测试（选做）</td></tr>
<tr><td colspan="3">课程资源导航</td><td>课外学习</td></tr>
</table>

目录
CONTENTS

01

第 1 章　课程导论

第1章　课程导论

1.1　课程基本概念

1.1.1　产品系统设计课程的目的和意义

真正意义上的产品设计应该是区别于单纯的、偶发性的创意设计的综合性、复杂性设计实践活动，是在明确目标指引下的理性调研、分析、计划、设计、论证、实施、评价等环节与感性的诉求、表达、呈现、吸引、感化等手段相结合的优化与创新设计行为。其目的是在综合考虑社会、经济、科技、文化、生态环境因素的同时，将产品中的功能、结构、形态、材料、色彩、交互界面等要素，及其应具有的服务体系有机结合，为人类创造美好的生活方式，推进社会的进步与发展。因此，产品设计应该是产品系统的综合性设计，是产品的系统性设计行为。

产品系统设计课程的首要目的应该是帮助学生建立产品及其设计活动的系统观。在现代系统科学思想的指引下，理解现代产品及其设计活动的系统性内涵，改变原来产品设计单纯依赖突发性“灵感”进行设计的设计观念；培养以科学的、系统的、理性可控与感性可期相结合的方式，从事具体的设计实践与设计研究的习惯，提升学生的设计理论高度。

产品系统设计课程的第二个目的是教授学生系统设计的方法。在产品系统设计一般程序的实践过程中，通过具体的课题设计实践，掌握 1~2 种符合课题设计具体要求、结合自身背景知识和特点的常用系统设计方法，并在以后的设计课题中能够灵活地运用。

产品系统设计课程的第三个目的是培养学生的综合思考、逻辑思维、调研分析、判断决策、设计实践、评价改进的专业能力。

产品系统设计课程的第四个目的是培养学生的团队合作、角色定位与职业规划意识，增强交流、沟通、协同能力，为未来的职业发展准备条件。

在我国的高等院校专业教育中，产品系统设计课程一般是工业设计专业（产品设计专业）的专业设计进阶课程，大部分的院校会将课程安排在第六或者第七学期。在这一阶段，学生基本上已完成了专业培养方案中相应的基础课和较低阶的专业课程学习，需要有一个教学环节能够串联起前期各门基础课程所学的知识，在结合具体的课题设计实践灵活地运用的同时实现专业能力的综合提升；也需要学生能够站在更高的角度看待设计和设计活动，能够对设计有更深入的理解，能够有更全面、更成熟的思维方式，能够更有效地处理设计中遇到的问题，能够更好地协调各方因素之间的关系，能够更客观地做出评价与评判……产品系统设计课程正是因此而设置，它是一个设计专业学生向专业设计师成长的阶梯。

1.1.2　产品系统设计课程重点与难点

产品系统设计课程的重点是将一般系统科学原理与方法具体运用到产品设计实践中，培养学生的系统思维能力，以系统的观念看待、理解、分析、研究、设计“产品”，以系统的思想指导、实践产品设计行为，学习并掌握符合设计学学科实际的系统设计方法，通过实验课题设计进行验证、设计、创新。

在具体的教学过程中，可能会遇到以下几个方面的困难：

（1）产品系统设计课程教学本应该遵循系统的整体性、关联性要求，教学过程中可能涉及的有关课题设计的各个要素应该是相互关联、共同作用的，但是，由于教学进程的需要，又不得不将教学内容进行横向、纵向的分割之后实行分段化教学。这种机械式的分段可能会给学生带来理解上的误区，进而影响整体的教学效果。因此，在教学之前需对此做出必要的说明，并通过相应的环节使学生明白教学内容的纵、横向分割只是因为教学进程的需要。

（2）由于教材篇幅限制，具体的理论知识点作了相应的简化处理，由此可能导致学生对基本理论的认识和理解不够深入。在教学过程中可以设计相应的环节，要求学生通过其他非课堂教学的方式自习，也可以在课题设计实践中结合具体事例再进行讲解。这对教师的课堂掌控能力提出了较高的要求。

（3）本教材侧重“实验性”，教材中所涉及的有些问题并没有给出“标准答案”或做出相应的回答，教材中涉及的教学案例可能不一定适合读者所在院校的实际教学情况，所列举的系统设计方法也有可能因不同的实验课题而有所差异，这些都将要求教师在教学中改变教学方式。

（4）产品系统设计课程要求在课题设计中的设计行为是系统性的，同时，研究的对象也是系统性的。在面对双向交错的复杂因素时，学生往往会不能抓住重点，不懂得取舍，特别是随着分析的深入，经常会出现越分析越迷茫的局面。能否有效地引导将成为教学是否成功的关键。

1.1.3 产品系统设计教材使用方法

本教材包含了纸质版教材和电子版（PPT 文件）两部分，两部分的基本内容和结构相同。同时，在具体的案例和图表等方面又相互补充。教师在使用本教材的电子版时可根据本校专业教学的具体情况进行调整和补充。

本教材实验环节的设计课题为编者列出的案例，只作为原理和方法说明的示例，具体教学过程中可根据需要做出调整。

教材中的课时计划安排只作为教学过程中的参考；教材中的实验环节可根据实际教学需要对部分实验进行选做，并非要求全部进行实验。

1.2 现代产品价值发展趋势

自工业革命以来，产品在满足人们丰富多彩的生活需求的同时，也在不停地改变和塑造着人们的生活形态、思维方式和行为方式，甚至在改变人们的价值观的同时也在不断地塑造着新的社会形态。特别是近年来科学技术的飞速发展，使现代产品呈现出的特征发生了较大的变化，产品已经从一种

"人造物"客体大有演变成人类社会不可或缺的"伴侣"的趋势，甚至有人预言：未来社会的主宰或将是"人造物"。对产品与人、产品与产品、产品与商业、产品与服务、产品与社会、产品与环境、产品与文化等系统的研究，关系到人们的日常生活、企业的商业价值、社会的伦理道德、环境的可持续发展、文化的传承进步以及人类社会未来发展的方向。社会变革环境下，设计内涵及其从业者的身份正在极速地变化（图 1-1）。

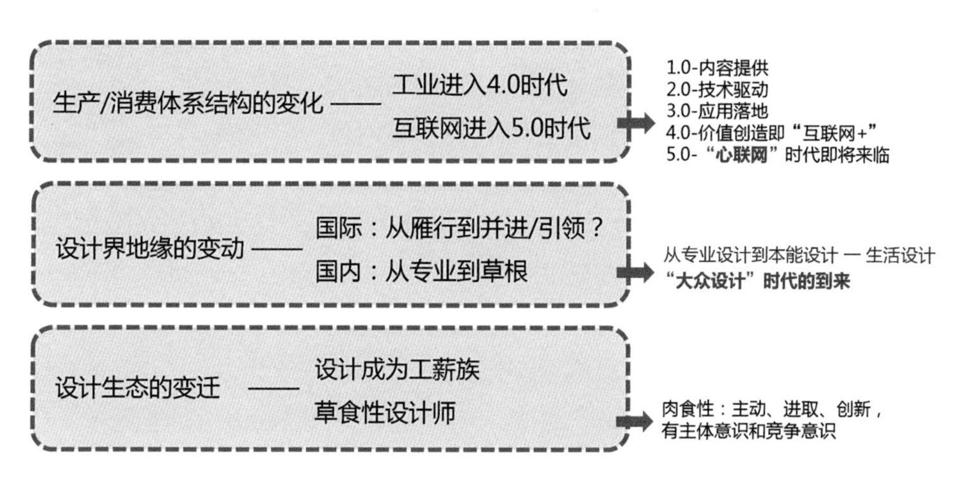

图 1-1　社会变革环境下的设计变化趋势（作者：吴翔）

如果将产品的设计开发、生产制造、营销流通、消费使用、报废消亡的过程视为产品全生命周期的话，那么产品的设计开发、生产制造环节是创造价值环节，营销流通、消费使用环节属于实现价值环节，报废消亡环节则是最后的丧失价值环节。当前，在现代产品生命链的全过程中，产品创造价值阶段的智能化、产品实现价值阶段的商业模式化、产品丧失价值阶段的无害化无疑是产品价值发展趋势最显著的三大特征（图 1-2）。

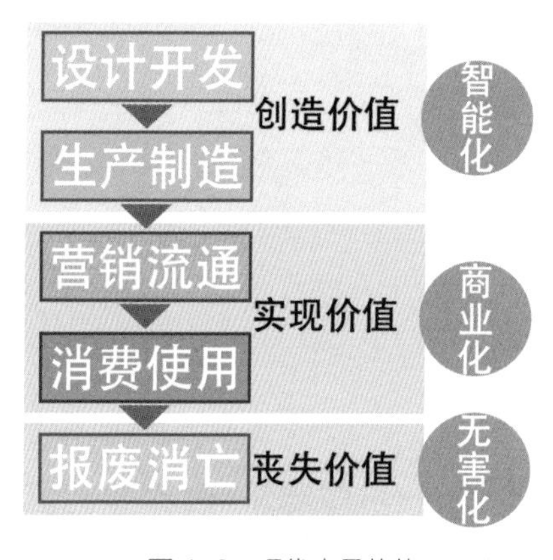

图 1-2　现代产品趋势

1.2.1　产品创造价值的智能化趋势

一直以来，人类创造了产品，产品也一直以人的附属物而存在。人类一直有一个梦想，那就是：作为工具，产品可以为人类解决更多的问题，最好能够替代人类从事繁重的、危险的各类劳动；作为消费品，产品能够理解人类不同个体、不同时期的各种需求，实现真正的个性化服务；作为娱乐和沟通用具，产品能够与人类实现互动交流，善解人意，达到"人物合一"。所有的这些愿望，都是人类创造产品的初衷，为达成以上目的，人类需要产品越来越"聪明"和功能强大，目前，通过"智能化"技术，这一切都在得以一步步地实现。

进入21世纪后，曾经长期威胁人类生存、发展的瘟疫、饥荒和战争已经被攻克，智人面临着新的议题：长生不死、幸福快乐和化身为神。在解决这些新问题的过程中，科学技术的发展将颠覆我们很多当下认为无须佐证的“常识”。——《未来简史》尤瓦尔·赫拉利

然而，“智能”这个词被用坏了。任何东西具备一个计算机的能力都被叫作智能：把以前电脑能做的事情缩小到一个手机上就是智能手机了；联网可以遥控就是智能插座、灯泡等家居用品。这些充其量只是一种装载芯片的强化的产品，并不智能。我们还是要去手动操作它们，告诉它们我们的要求，并且给予足够的信息，它们才能完成这些任务。真正的智能化应该是：在“超级智慧社会”里，将必要的事与物（服务），“向必要的人，在必要时进行必要的提供”，有效对应社会各种细分化的需求（图1-3）。

图1-3　超级智慧型社会

随着感应器、大数据技术的发展，产品可以不再依赖于我们的输入去感知周围的情况，可以不再等待我们的命令去完成它应该做的事情。一定程度上，它们完全可以自主地完成它们的任务。比如说，一个智能扫地机器人，它可以知道一个家庭所在的城市、天气、扬灰程度、家人活动时间等信息，安排自己的工作时段。从产品的价值实现角度，智能化趋势可以表现在以下几个方面：

首先，产品的设计与制造在原有以传统大工业化为基本条件的基础上，正向智能设计和智能制造过渡。现代技术的发展已经为传统的“物质、能量、信息”的传递与应用提供了一切可能，大数据、人工智能、量子计算、5G网络、3D打印等技术的进步与推广为产品的设计与制造智能化插上了放飞梦想的翅膀。例如：过去产品设计与开发过程中的设计调研环节是设计师必需的“基本功”，调研的深度与广度直接决定了接下来的产品设计是否具有生命力。在大数据时代，传统的调研已经显得“苍白无力”，大数据既可以为你提供广泛的信息，也可以为你带来“点对点”的精准服务，而且在智能分析的过程中还能为你给出最直接和明确的方向。尽管在产品设计过程中，智能化的工具还不能完全替代设计师完成所有的工作，但较初级的智能化工具已经替代了过去设计师需要亲力亲为去完成的很多工作（图1-4）。

图1-4　Nike个性定制系统

这是Nike在纽约的Nike By You Studio里推出的Nike Makers’Experience服务。这是一项定制鞋的活动，和以前定制服务Nikeid得花接近1周时间才能取鞋不同，这次顾客能在线下体验，而且不到一小时就能拿走自己“设计”的鞋子。简单来说，Nike这项体验是通过投影、AR、3D扫描、重力感应等技术，让顾客可以实时设计和定制专属自己的运动鞋，然后在短时间内可以取货带走。

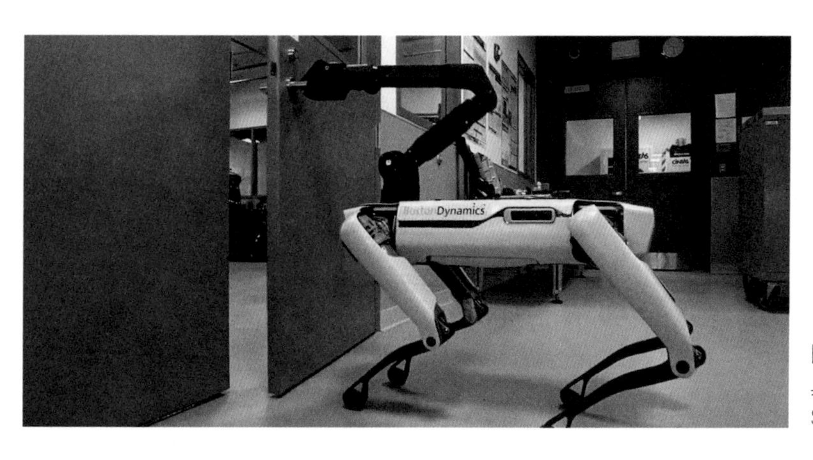

图 1-5
具备“智能化”特征的波士顿动力机器狗 SpotMini

随着德国“工业 4.0”、美国 GE“工业互联网”在全球的风靡，以及“中国制造 2025”战略的如火如荼地推进，以新一代信息技术与制造业深度融合为特点的智能制造已经引发了全球性的新一轮工业革命，智能制造已经成为制造业转型升级的重要抓手与核心动力。但由于智能制造的概念还不统一，自动化、机器人、数字化、物联网、工业大数据、数字孪生体、人工智能，等等，这些层出不穷的概念让制造业无所适从。随着阿尔法狗（Alpha Go）的一火再火，使有些企业一谈智能制造，就联想到这些最前沿的技术，总想引进的系统具有自感知、自分析、自决策、自执行，甚至是自学习的功能（图 1-5）。

其次，产品发展方向的智能化已经成为毋庸置疑的结论。尽管当前市场需求越来越要求多样化、个性化，但是，智能化的产品趋势却是一个不变的主题。我们且不去说消费类产品的智能化需求，哪怕是一把传统的椅子，众多的企业都在进行智能化的开发。然而，对于“智能化”带来的伦理困惑，人们是否已经做好了心理准备呢？

对于一切被标有“智能”的东西，我们总是满怀期待，但是现实总是一如既往地令人失望。即使是当下所谓最智能的产品，它们所含有的尖端技术（如数据分析、环境感应等）也不足以提供一个令人满意的使用体验。我们假借“智能”一词来掩盖将产品连入互联网进行遥控的本质，并且刻意忽略它们原本该有的样子。然而，倘若智能产品真的如同好莱坞大片所描绘的那样：有自己的思想、做自己的决定、走自己的路。那么过不了多久，它们会不会仍然听从我们的指挥？还是会变得捉摸不定？如果真到了那个时候，究竟是谁在控制这些产品？

众所周知，易于控制一直是产品设计的基本原则之一。迄今为止，几乎没有一个产品不是招之即来，挥之即去的。基于明确的目标与需求，我们创造一个又一个的产品，同时赋予它们简单易懂的人机界面，提供舒适的体验，方便用户使用。尽管如此，我们天性对于便捷与效率无止境的追求，逐渐使得我们所设计的产品越来越趋于自动化，甚至开始越过我们做出一些决定。不过这些产品还是可控的，至少是一部分。这不是明天，而是今天，甚至可能是昨天的事情了。当下我们所处于的不是一个充满机器人的科幻时代，而是一个被各种智能产品所包围的真真切切的现实世界，它们能够感知并且理解周围的环境，甚至自由穿梭于互联网的各个角落。“产品或许都应该拥有自己的生活”。

一旦获得理解信息的能力和权利，产品就被赋予了自己思考的可能性。不过从另一个角度看，这也意味着它们会被自己的视野、自己的环境所左右、所限制。因此，不同于以往单一的控制原则，以后我们在设计产品时是否将有必要设计产品的主见呢？将来的产品或将不再只是默默地自动完成交予的任务，而是不断地通过收集理解信息，与我们保持共识。明天我们将有必要与产品建立真实的交流。

第三，新型的智能技术带来了全新的问题与挑战，以用户为中心的设计只适用于沉默的、被动的产品，传统设计往往无法反映新产品内在的丰富，展现其全部的潜力。以用户为中心重点强调的是产品自身与人类意识之间的关系，特别是产品什么时候什么情况下引起我们的注意，而又在什么时候什么情况下消失，从而避免不必要的混乱，确保一个干净、清晰的使用过程。在这样的观点下，产品本身就是用户需求的缩影，处处反映着每一个使用情景。如果将来以产品为中心，我们的设计又会是怎么样的呢？那么，产品的生态系统将不会只是围绕着一个用户，而是将包含与之接触的每一类人，甚至包括其他相关的产品。产品与其他相关人之间，以及相关产品之间的交互情景需要重新被一一定义，针对每种情况应该做出怎样的应对：从出厂、上架、销售、运输、使用、维护、升级直至被废弃的整个过程。

现行的设计手法将无法涵盖、反映并且传递所有这些细节。全新的设计语言将会出现，通过动作、声音，甚至气味等全方位的媒介对产品的体验进行全新的演绎。类似人类的心智模型，产品的行为将不仅仅是预先设定好的流程与规则，还会根据收集理解的信息不断调整自身的行为，帮助我们理解它们的想法与计划。就好像训练宠物一样，我们需要鼓励产品的正确行为，并且及时纠正它们错误的行为。通过这样的过程，产品得以了解我们的底线以及学习如何与我们沟通。产品需要能够学习、适应各种不同的情境，甚至理解情绪。为了我们的利益，提供建议，发出警示，即使是吵闹的、难闻的、令人生厌的，也没有关系。

为了实现这些目的，创造一个有利于产品的环境是非常有必要的，方便它们彼此之间，以及与我们之间的沟通交流、信息交换，即使彼此有着不同的目标。可用性不再是衡量产品的唯一标准，产品对周围环境的适应与理解，更加亲和、更易于相处、更富于灵性将成为产品的发展方向。

不可否认，产品的功能与特性让我们的生活更加便利、舒适。然而，是产品所提供的体验，以及它们与我们的关系让我们的生活变得更加幸福、快乐。以往我们一直在强调产品设计的可用性，现在是时候赋予产品灵性，与我们一起在这个世界上生活的时候了。过去，我们为自己设计，好让我们更容易地向产品传达我们的意图与目标。以后，我们将会为产品与人类的关系而设计，帮助产品与我们交流，共同探索更好的体验，使我们的生活更加美好而有趣。

1.2.2 产品实现价值的商业模式化趋势

在社会分工越来越细、人们从事的工作越来越专业的前提下，每个人创造的劳动价值都只能体现在某一方面，而生活所需的条件却是多方面的，因此，人们创造的劳动价值只能在社会上实现交换才能获得生活所需要的其他条件。也就是说，人们通过产品的设计开发、生产制造环节创造价值，通过将“产品”转化为可交换的“商品”实现价值。

商品一般具有以下属性：

第一，商品具有使用价值。即以产品自身的属性来满足人的需要。商品所具有的满足人的需要的属性就是其使用价值，也就是通常所说的功能，这是产品成为商品的首要条件。

第二，商品具有价值。商品是包括人的智慧劳动和体力劳动在内的各种投入的产物，凝聚在商品中的人的智力和体力劳动决定了商品的价值，价值是产品成为商品的必要条件。

第三，商品具有交换属性。商品不是用来满足自己的需要，而是要为别人生产使用价值，在社会上进行交换的同时获得自己所需要的其他方面的使用价值。产品只有转化成商品后才能产生社会价值。

由此可以认为：在现代商业社会，产品的设计、生产就是商品的设计、生产，产品已经由原来的以提供使用价值为主导的物体变成了实现商业价值的“载体”。在一些极端的情况下，有些商品的使用价值甚至成为并不重要的因素。例如图 1-6 所示的设计大师飞利浦 · 斯塔克设计作品，它的使用价值——榨柠檬汁的效果并不好，但是，这并没有影响它在市场上长盛不衰的销售。

图 1-6　飞利浦 · 斯塔克设计作品
（产品的商品化过程中，使用价值并不是唯一促成其转化的因素。）

市场通过“引导性”和“惩罚性”的经济效益的方式对现代产品的设计开发和生产制造施加影响和作用。处在现代商业环境中的企业，所有产品设计开发、生产制造活动都必须围绕市场因素而开展，市场因素将是决定产品从策划和定位开始的所有流程和行动是否有必要实施、怎样实施的标准。

在市场竞争中，一个产品定位的理念往往被确定为：

（1）产品在目标市场上的地位如何？

（2）产品在营销中的利润如何？

（3）产品在竞争策略中的优势如何？

而常用的市场定位确定方法：产品差异定位法、主要属性确定法、利益定位法、使用者定位法、分类定位法、针对特定竞争者定位法、关系定位法、问题定位法等无不是围绕市场因素而展开。

同时，企业为增强产品市场竞争力，往往会将成本因素的考虑贯穿产品全生命周期的整个过程。

（1）产品开发设计阶段：质量成本一般而言由两部分构成，一为缺陷成本，二为控制成本。实践证明，一种产品的成本在它的设计、研发阶段就决定了 80%左右，可见产品的设计、研发阶段对产品的成本因素的重要。在这一阶段的成本因素主要包含三个方面：设计、研发活动自身的成本；设计研发的产品对生产制造环节的成本影响；设计研发的产品在其后的使用维修上的成本影响。

（2）产品生产制造阶段：产品的生产制造阶段，是产品由构想变为现实的阶段，虽然在此阶段产品成本降低的潜力已经不大，但企业往往给自己树立标杆成本，选择通过自身的努力能够达到的成本作为控制的最佳成本。此阶段，成本管理的策略包括制造目标成本的设定和实施、作业成本核算、适时生产管理。企业往往会将目标成本和作业成本结合起来，对企业日常的生产成本加以控制。同时，建立高效的供应链，加快存货周转效率，不断降低库存水平等。通过企业全面质量管理同步实施，实现适时生产管理，降低产品成本。

（3）产品营销阶段：营销人员的现代销售导向技巧素质培训的成本投入，对销售费用中的广告费用的不同阶段产品的差异性投入，对宣传媒体的选择；根据产品的不同以及产品处于不同的生命周期阶段选择合适的营销手段与渠道；产品包装的营销策略、外观设计营销策略等。

（4）产品使用维护阶段：降低由于产品质量问题而造成的各种损失，减少索赔违约损失，降价处理损失，以及对废品、次品进行包修、包退、包换而发生的客户服务成本等；同时，应考虑到或有成本、机会成本和社会责任成本。

成本控制不应以降低产品质量为代价，而是追求产品价值率的平衡。小米生态链旗下的众多产品售价都不高，但是产品质量却并不差，主要就是在成本控制上做足了文章，当然，小米本身的平台营销模式也为小米生态链旗下产品的成本议价提供了不可替代的优势。

在以市场为导向的环境下，企业为了谋求生产系统的快速反应，将生产和营销两大系统传统地进行分离的状态被迫打破。企业在适应市场需求变化时更具有柔性生产能力，在调整原有企业组织结构、管理体制及工作方式的同时，向着产品设计、制造、流通、市场连接紧密化、一体化的方向努力。设计、生产、销售、市场等原先在企业内部独立的、不同的部门，也趋向于成为紧密衔接的统一体，企业的经营活动和生产活动，经营管理和生产管理之间的界线，各个职能部门之间的界限正因商业模式的变化而变得日趋模糊。

随着移动互联的全域覆盖，各类因互联网经济而诞生的新的商业模式如雨后春笋般快速发展。产品的商品化过程也由传统的设计开发—生产制造—流通销售—消费使用的单一进程发展为以“互联网+”为平台的商业模式与产品设计开发为核心相结合的交互式营销。产品实现价值的渠道因商业模式的变化而得到极大的拓展，产品再一次成为商业模式的“道具”和“附庸”。由此而带来的设计生态的变化要求设计者从设计之初就必须要把产品与其相适应的商业模式综合起来考虑，产品设计面临的对象进一步复杂化、多样化。面对商业模式的改变，传统的设计师的培养路径已不能适应未来发展的需要，未来设计师的核心能力建设与培养内容以及培养方式的改变必将做出适应时代变化的调整。

传统商业模式：厂家—代理商—零售商—客户（消费者）。特征是各级从上级进货，买断上级的商品所有权，赚取差价，重渠道建设，采取人员促销、商品展示的方式进行（图 1-7）。

互联网时代的商业模式：以互联网为依托，整合各种传统的商业构建类型，链接多种商业发展渠道，具有高创新、高风险、高盈利和高价值等特色的全新商业运营和组织结构构建模式。打破了信息通信的时空限制，信息传播的速度、深度和广度都得到了前所未有的发展。产品的设计开发者成为真正实现价值的起点和中心（图 1-8）。

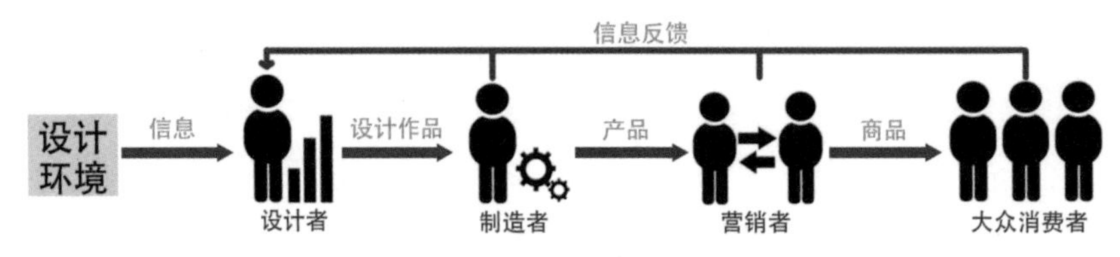

图 1-7　传统的设计生态与设计转化流程

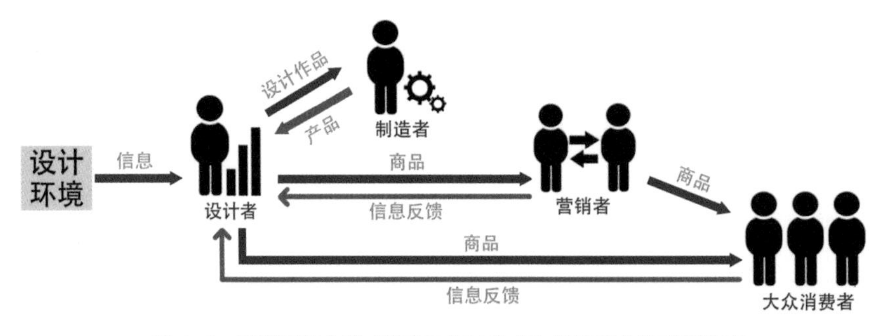

图 1-8　互联网商业模式带来的设计生态与设计转化流程的改变

图 1-9 大量报废的产品

图 1-10 “汽车坟场”场景

废旧汽车进厂
登记造册
拆解预处理
拆除蓄电池
拆除液化气罐
拆除安全气壶
拆除尾气净化装置
抽取废油液
抽取空调制冷剂
委托有危废资质单位处理
引爆
委托有危废资质单位处理
委托有危废资质单位处理
燃料油
冷却液、清洗液
制动液
离合器液
发动机油
动力转向液压油
自动变速器传动液
自动变速箱齿轮油
差速器润滑油
无组织排放的非甲烷总烃
委托有危废资质单位处理
废气、噪声、固废
外部拆解
车门 挡泥板 保险杠 挡风玻璃 车灯 发动机罩 轮胎
噪声 固废
经检验合格的作为再利用品外售，不合格的作为废品出售
内部拆解
水箱 发电机 起动机 压缩机 冷凝器 座椅
离合、制动、油门操纵件 机电与电子设备
噪声 固废
总成件拆解
发动机 变速箱 方向机 前后桥 车架
发动机、变速箱、方向机继续拆散解出非金属和有色金属后分类销售；前后桥、车架作为金属材料外售
噪声、固废
车身压实
三级破碎
机械拆解
双轴撕碎机
立式破碎机
负压风选
磁选
涡流分选
废气、噪声、固废
含尘废气
皮革、纤维
钢铁
有色金属
布袋除尘
布袋除尘
外售
手工分拣
物料筛选
活性炭塔纤维吸附
由15ml排气筒排放
含尘废气
塑料、橡胶等
分选为<10mm 10~20mm、>20mm 三种不同粒径的物料

图 1-11 报废汽车拆解流程图

1.2.3 产品丧失价值的无害化趋势

在产品的全生命周期各环节中，人们往往会忽略最后的报废消亡环节。这主要是因为产品在这一环节之前已经完成了其价值的转换，对于其后所产生的其他成本和影响无论是设计者、生产者、销售者还是使用者来说都不能快速地、直接地体现。然而，随着工业化进程的进一步加快带来的产品制造生产能力的提升，消费主义在全球的盛行而带来的产品流通加快和产品生命周期短缩，技术进步导致的产品开发的迭代周期越来越短……海量的报废淘汰产品的处理已经成为当前社会和环境面临的严重问题。为消解这些报废淘汰的产品，社会和环境承受了极大压力的同时，也带来了包括产品报废消亡在内的产品全生命周期内的成本大大增加（图 1-9、图 1-10）。

事实上，在对报废淘汰的产品处置过程中，其程序并不比生产制造一个新产品简单，有时面临的问题和技术难题可能更大。图 1-11 是报废汽车拆解的一般流程，从这个流程图中我们可以看到拆解一部汽车过程的繁复，而这还仅仅是一个拆解过程，并不包含各种废旧材料的处理环节。

废物处置原则一般包含三个层次（图 1-12）：

第一，尽量避免和减少废物的产生。这要求在产品的设计开发之初就应该予以提前充分规划与设计。

第二，遵循产品在原定使用价值丧失后的全部或部分功能、材料可再用、可回收及循环再造原则。包括产品报废后的功能转化再利用、产品部分构件的拆分与再利用、材料的回收与循环再利用等环节。

第三，在不可避免产生废弃物的前提下尽量减少其用量及弃置的难度。包括产品报废环节的分解难度、废弃物的技术处理难度、废弃物对社会和环境产生危害的广度和持续度等。

在产品设计环节，提前规划性、系统性地面对废弃产品的无害化处理是人类应担负的责任，也事关人类的未来。

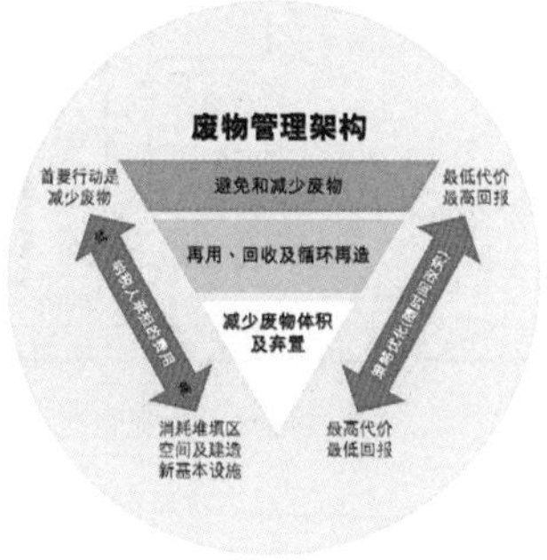

图 1-12 废物管理架构图

1.3 系统科学简述

1.3.1 系统的概念

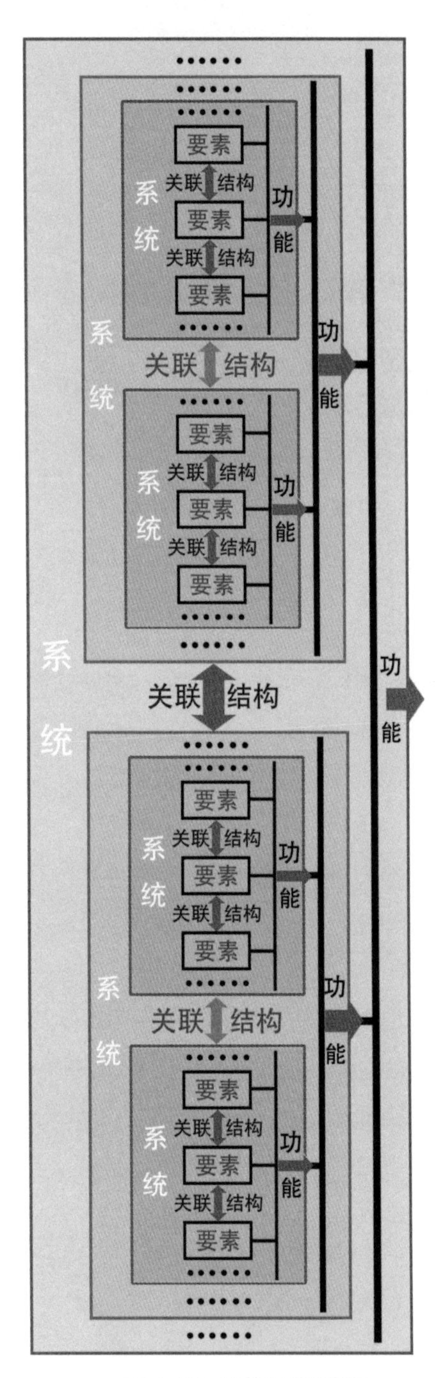

图 1-13 系统原理示意图

人类对系统的研究可以说从远古时代就开始了。至于近代的系统研究，有人认为是由泰罗在 1911 年发表的《科学管理原理》一书中提出的。但一般公认是 1937 年美籍奥地利生物学家贝塔朗菲（Bertalanffy，Ludwig von）提出的一般系统论初步框架。他奠定了这门科学的理论基础，并在其后正式提出了通常意义上的现代系统科学思想。

系统（英文“system”）一词来源于古希腊语，其意是由部分组成的整体。系统的定义众多，中文对 system 一词的解析就有：系统、体制、制度、方式、秩序、机构、组织等。钱学森曾经引用恩格斯的一句话：“一个伟大的基本思想即认为世界不是一成不变的事物的集合体，而是过程的集合体。”[①] 并指出“集合体”就是系统，“过程”就是系统中各个组织部分的相互作用和整体的发展变化。钱学森提出：“把极其复杂的研究对象称为系统，即由相互作用和相互依赖的若干组成部分结合成具有特定功能的有机整体，而且这个系统本身又是它们从属的更大系统的组成部分。”[②] 贝塔朗菲则定义为“系统是处于一定相互联系中的与环境发生关系的各个组成成分的总体”。[③] 在产品设计领域试图给出一个能够描述系统的共同特征的定义：由若干相关联的要素按一定的结构形式联结成的具有某种特定新功能的有机整体。在这个系统的定义中，包含了要素、结构、功能三个基本概念，表明了要素与要素之间、要素与系统之间、系统与环境之间的关系，形成了要素与结构、结构与功能、功能与环境三个层次（图 1-13）。

关于系统的内涵可以从以下几个方面来理解：

（1）系统是由多个事物联结而成的，是一种有序的集合体。单一的事物元素不能称其为系统。一个零件、一种方法、一个步骤等只能看作组成系统的要素（图 1-14、图 1-15）。

（2）在特定系统中，系统的各个构成要素是相互作用、相互依存的。无关事物的总和不能称其为系统。

---

① 马克思恩格斯选集（第四卷）[M]. 北京：人民出版社，1995：239-240.
② 钱学森，许志国，王寿云 . 组织管理技术——系统工程 [N]. 文汇报，1978-9-27.
③ （美）贝塔朗菲 . 一般系统论 [J]. 自然科学哲学问题丛刊，1979（1）-（2）.

图 1-14　无序的零件非系统

图 1-15　按照一定的秩序（结构）联结成的自行车系统

（3）系统的概念是辩证的。系统中的各要素通过系统结构有机形成，一个小系统由众多相关联的元素构成，同时，这个小系统又是构成其上一级系统的一个元素。系统的组织是分层、分类构成的。例如，在生产线上的某台机器，它本身是由众多相关联的零件构成的一个系统，但它也是整个生产线系统的一个元素，而整条生产线又是整个车间系统的一个元素……

（4）系统通过边界与周围环境相分离，而成为一种特定的集合，又通过输入和输出信息与周围环境相联系。系统的作用就是实现输入和输出的转换过程。因此，一个系统不是孤立地存在的，在物质、能量、信息有序地于系统中流动、转换的过程中，系统接受环境的影响（输入），同时又对环境施以影响（输出）。

系统论的核心思想是系统的整体观念。贝塔朗菲强调：任何系统都是一个有机的整体，它不是各个部分的机械组合或简单相加，系统的整体功能是各要素在孤立状态下所没有的新质。他用亚里士多德的"整体大于部分之和"的名言来说明系统的整体性，反对那种认为"只要要素性能好，整体性能就一定好"，以局部说明整体的机械论的观点。同时，系统中各要素不是孤立地存在着，每个要素在系统中都处于一定的位置上，起着特定的作用，要素之间相互关联，构成了一个不可分割的整体。要素是整体中的要素，如果将要素从系统整体中割离出来，它将失去要素的作用。系统是普遍存在的，大至渺茫的宇宙，小至微观的原子都是系统，整个世界就是系统的集合。

系统论的出现，使人类的思维方式发生了深刻的变化。以往研究问题，一般是把事物分解成若干部分，抽象出最简单的因素来，然后再以部分的性质去说明复杂事物。这种方法的着眼点在局部或要素，遵循的是单项因果决定论，虽然这是几百年来在特定范围内行之有效、人们最熟悉的思维方法。但是它不能如实地说明事物的整体性，不能反映事物之间的联系和相互作用，只适于认识较为简单的事物，而不能胜任于对复杂问题的研究。在现代科学的整体化和高度综合化发展的趋势下，在人类面临许多规模巨大、关系复杂、参数众多的复杂问题面前，就显得无能为力了。所以，系统论提供的新思路和新方法，为人类的思维开拓了新路。

系统学包含的主要内容：

（1）系统方法论：系统学中不同性质的问题所适用的方法论也不同，方法论指导具体研究方法的选用。例如，演绎与归纳、还原与综合、局部与整体、定性与定量、机理与唯象、结构与功能、确定与随机、先验与后验、激励与抑制、理论与应用等相互结合或互补的方法论等，重点是能够超越还原论的方法论。

（2）系统演化论：在给定环境或宏观约束下，系统层级结构与相应功能在时间和空间中的涌现与演化。系统状态（或性质）在时空中生灭、平衡、稳定、运动、传递、相变、转化、适应、进化、分化与组合、自组织与选择性随机演化等规律，包括各种自组织理论、稳定性与鲁棒性理论、动力系统理论、混沌理论、突变理论、多（自主）体系统、复杂网络、复杂适应系统等。

（3）系统认知论：系统机理或属性的感知、表征、观测、分类、通信、建模、估计、学习、识别、推理、检测、模拟、预测、判断等智能行为的理论与方法，包括认知科学、建模理论、估计理论、学习理论、通信理论、信息处理、滤波与预测理论、模式识别、自动推理、数据科学与不确定性处理等。

（4）系统调控论：系统要素的（动态）平衡性与系统结构和功能关系的普适性规律，以及系统的结构调整、机制设计、运筹优化、适应协同、反馈调控、合作与博弈等，包括优化理论、控制理论与博弈理论等。[①]

1.3.2 系统的属性特征

系统的整体性、关联性、等级结构性、动态平衡性、有序性、预决性（目的性）等是系统的属性特征。

（1）整体性：世界是关系的集合体，而非实物的集合体。系统作为整体具有部分或部分之和所没有的性质，即整体不等于部分之和，称之为系统质。与此同时，系统组成要素受到系统整体的约束和限制，其性质被屏蔽，在系统中独立性丧失（要素脱离系统之外自成系统的独立性另论）。系统存在的各种联系方式的总和构成系统的结构。

（2）关联性：组成系统的各元素之间或系统与部分之间的相互作用、相互联系、相互依赖和相互制约的关系。系统中不存在与其他元素无关的孤立元素或组分，所有元素或组分都会按照该系统特有的、区别于别的系统的方式彼此关联在一起。

（3）等级结构性：是指系统内部的等级秩序，是对复杂系统结构的一种组织和规划。同时，任何系统要素本身也同样是一个系统，要素作为系统构成原系统的子系统，子系统又必然为次子系统构成……如此，则……→次子系统→子系统→系统之间构成一种层次递进关系。

（4）动态平衡性：世界是过程的集合体，而非既成事物的集合体。一切实际系统由于其内、外部联系复杂的相互作用，总是处于无序与有序、平衡与非平衡的相互转化的运动变化之中，任何系统都要经历一个系统的发生、系统的维生、系统的消亡的不可逆的演化过程。也就是说，系统的存在在本质上是一个动态过程，系统结构不过是动态过程的外部表现。而任一系统作为过程又构成更大过程的一个环节、一个阶段。

（5）有序性：有序与无序是刻画系统演化形态特征的重要范畴。所谓有序是指有规则的联系，无序是指无规则的联系。系统秩序的有序性首先是指结构有序。例如，类似雪花的晶体点阵、电子的壳层分布等为空间有序，行星绕日旋转等各种周期运动为时间有序。结构无序是指组分的无规则堆积。一盘散沙、满天乱云、垃圾堆等为空间无序。原子分子的热运动、分子的布朗运动等各种随机运动为时间无序。此外系统秩序还包括行为和功能的有序与无序。有序可分为平衡有序与非平衡有序。平衡

---

① 郭雷．系统科学进展 [M]．北京：科学出版社，2018，12.

图 1-16　自行车的系统属性与特征

有序指有序一旦形成，在环境不改变的前提下就不再变化，如晶体，它往往是指微观范围内的有序。非平衡有序是指有序结构必须通过与外部环境的物质、能量和信息的交换才能得以维持，并不断随之转化更新。它往往是呈现于宏观范围内的有序。

（6）预决性：一般系统论认为系统的有序性不是为有序而有序，而是按一定的方向有序，不仅如此，这种方向是由一定的预决性或目的性所支配的。一个系统的发展方向，取决于它的预决性（目的性）。一个系统的发展方向不但取决于实际的状态（偶然性），而且还取决于一种对未来的预测（必然性）。[①]

如果我们将自行车看成一个系统的话，针对系统的属性特征说明如下（图 1-16）：

自行车由车架、前叉、后叉、车轮、链轮、链条、车把、把立、车座、刹车装置等各个要素和子系统相互协同配合，最后实现人可以骑行的功能。这种各要素围绕功能而形成的统一体，就是系统的整体性。

链轮与飞轮之间通过链条实现动力能传递；车把的旋转带动整个自行车的转向；手捏刹车把之后牵动刹车线，从而使刹车器向内合拢挤压车圈实现刹车，等等。这种组成要素之间、要素与系统之间的相互作用体现了系统的关联性。

自行车由动能系统、控制系统、前行系统、支撑系统、警示系统等构成，在这些系统中，它们各自对自行车这个产品系统的权重是有差异的，这就构成了系统地位的等级特征。同时在各系统中又可以进一步细分为一些子系统，这种逐级细分的形式也构成了系统的等级结构性。比如：动能系统又可以细分为动能产生系统、动能传递系统、动能调节系统等。

自行车为实现其轻便性，在材料和结构上的不断改进；为适应共享骑行的现代商业模式而加装的遥感锁具和其他结构调整等都反映出自行车在不断地改变，这种不断因需求和环境导致的改变就是系统的动态平衡性的体现。

自行车的链轮与链条之间构成了自行车的动能传递，链条带动飞轮的转动驱使后轮转动，后轮转动则推动前轮转动，至整个自行车的前行，这就是自行车系统的时间有序；在传统的自行车刹车结构中，实现自行车的制动功能是通过刹把、刹车线、刹车器之间的有机组合实现的，这种要素间的空间组合秩

① 苗东升．系统科学精要 [M]．北京：中国人民大学出版社，2010，3.

序就构成了系统的空间有序性特征。

自行车系统在设计之前，就预设了可以骑行的目的，这种目的性是通过构成自行车的各要素之间的有序组合而成的。同时，在组织构成自行车系统的各要素的时候，也是按照目的指向进行组织和关联的。同样的要素：车轮、传动链、支撑架等，由于目的指向的差异可以成为自行车系统，也可以成为轮椅系统，还可以成为健身车系统等。自行车也可以有不同定位的预设目的指向，比如有普通自行车、山地自行车、儿童自行车、赛用自行车等。这种预先设定的目的和按照目的的指引组织的元素所必然形成的系统就是系统的预决性（目的性）的体现。

1.3.3 系统要素

要素是组成系统的“单元”，也有人称为“元素”，是系统最基本的成分，也是系统存在的基础。但是，系统不等于诸元素的简单相加。在系统中，各要素所处的地位因其对系统输出的功能的重要性而存在差异，有些要素处于支配和决定整个系统行为的中心地位，我们称其为“核心要素”；有些要素处于辅助或被支配地位，称为“非核心要素”。

例如：在构成自行车系统的各要素中，链轮和车胎是核心要素，而与之相配套的链条和挡泥板则是属于非核心要素（图 1-17）。

尽管我们不能有“只要要素性能好，整体性能就一定好”，以局部说明整体的机械论的观点，但要素对系统性质的影响作用依然是不可改变的，特别是“核心要素”对系统性质起着决定性的作用。不同的要素必定构成不同性质的系统。

例如：自行车之所以区别于电动助力车，是因为自行车的核心要素是人力带动的链轮转动驱使自

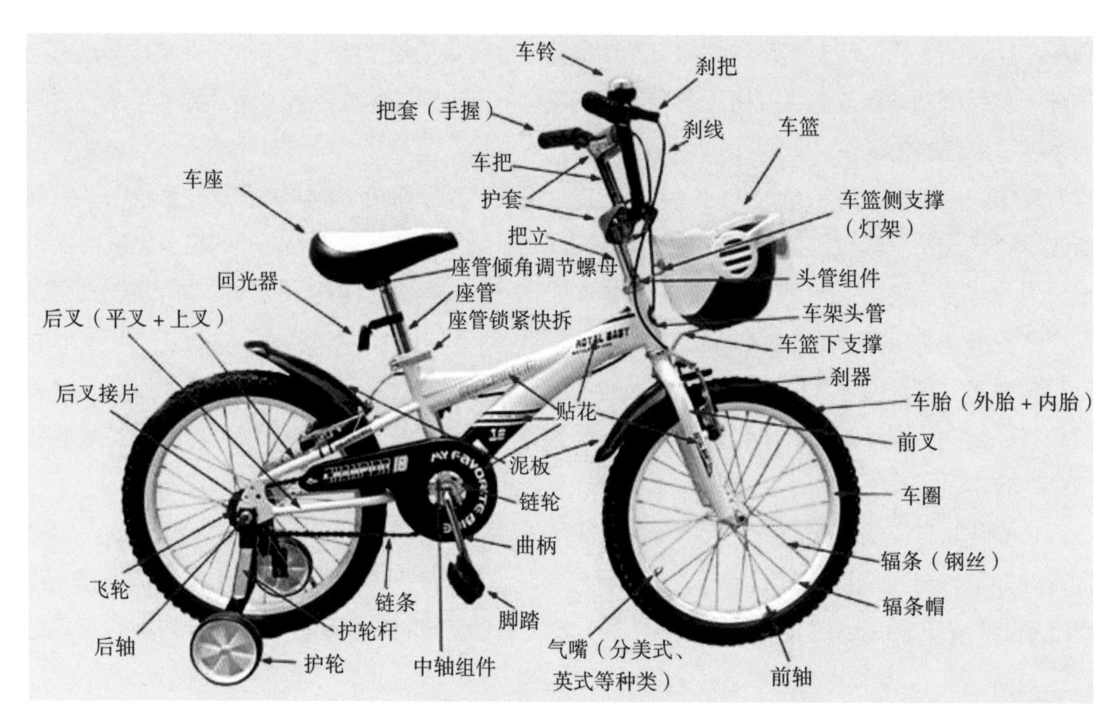

图 1-17 自行车系统中的各组成要素

行车前行，而电动助力车是通过轮毂电机驱动行驶（图1-18）。

有些系统，特别是大型系统，可以分解成若干个子系统。子系统在大系统的活动中起一个要素的作用，但是在需要考察子系统的构造时，又可将它分解为更小的子系统，例如，一个国家是个大系统，它由政治子系统、经济子系统、文化教育子系统、国家安全子系统等组成。而这些子系统又分别由若干个更小的子系统组成，如经济子系统由工业、农业、商业、交通运输等子系统组成。要素—子系统—系统这种表达系统层次构造的方式具有一定的相对性，这种分解也不是唯一的。

图 1-18　电动助力车系统

1.3.4　系统的结构、功能与环境

系统的结构是指系统内部各组成要素之间相互联系、相互作用的方式或秩序，即各要素之间在时间、空间上的组合关系。结构是系统内在关系的总和，是使系统保持整体性并具备特定功能的依据。结构不能完全归结为构造，更多的是体现元素之间的相互作用、活动、信息往来与反馈。

系统的各要素通过结构组织为一个有机整体，结构越合理，系统的各个部分之间的相互作用就越协调，系统在总体上才能达到最优。系统结构的优劣直接反映系统的综合功效，好的要素如果没有好的结构组织就不能发挥好要素的作用，同样，一般的要素如果能够有优秀的结构组织则可能最大限度地发挥要素的效能。

实现系统的最优化需要好的要素和好的结构共同协调。

例如：一部数码相机的镜头再好，如果没有好的感光系统与之配合，也不可能有效地发挥作用；如果没有好的控制系统进行驾驭，也不可能成就一部好的相机（图 1-19）。

图 1-19　SONY 数码相机的各组成要素之间的结构

在一个系统中，结构具有稳定性、层次性、开放性、协调性的特征。

系统的各要素通过结构组成一个整体系统，而系统之所以表现出一定的整体性，还在于它表现出一定的功能。功能是一切系统所具有的行为特征，它表现在一定系统同周围客体、对象和环境的关系上。系统学中最简单和最基本的原理是系统的结构与环境共同决定系统的功能。功能是一个过程，是系统内部固有能力的外部体现，系统功能的发挥既有受环境变化制约方面的因素，也有受系统内部结构制约和决定方面的因素。当然，系统功能反过来也会影响其结构和环境，它们往往是相互影响的双向关系。系统结构包括物理结构与信息结构，不同时空尺度和层次结构一般对应不同模式和功能，系统环境包括自然环境、社会环境、技术环境。

系统功能一般不能还原为其不同组分自身功能的简单相加，这种属性成为系统的涌现（emergence），它一般是在时间与空间中演化的。例如：PC 电脑中的主机、显示器、键盘、鼠标等组件独立皆不具备完整系统功能。进一步，在给定环境条件下，系统的结构可以唯一决定功能，但反之一般不然。这一基本事实，既造成了根据系统功能来认知其内部（黑箱或灰箱）结构的困难性，也提供了可以选用不同模型结构来表达、模拟或调控系统相同功能的灵活性。

一般来讲，为了理解系统行为，可通过深化内部结构认知，也可利用外部观测信息，或两者并用来实现；为了提高系统功能，可增强组分的个体功能，也可优化组分的相互关联，或两者并施。特别地，优化组分的相互关联意味着对系统结构进行调整或调控，以使系统达到所期望的整体功能或目的。这往往通过调整系统的可控变量或要素，使其自身或其关联的动态平衡在一定范围内达到。显而易见，任何调控策略都依赖系统状态、功能和环境，这就需要研究系统的信息、认知、调控与不确定性因素处理等问题。

1.3.5 系统工程方法

系统科学的一个突出贡献就是提出了一整套分析与处理人工系统的方法。钱学森指出："系统工程是组织管理系统的规划、研究、设计、制造、试验和使用的科学方法。"[①]系统工程是各类人工系统组织管理技术的总称，对于各种不同的系统工程，可以找到一套具有共同性的思路和方法、程序，称之为系统工程方法。系统方法论众多，下面重点介绍两种具有代表性的方法。

（1）霍尔系统工程方法

目前，一般公认霍尔（A · D · Hall）在 1969 年提出的三维结构图是比较通用的一种系统工程方法，如图 1-20 所示，在这个结构图中用时间维、知识维和逻辑维这三个维度描述在不同阶段所要采取的步骤以及所用到的有关知识。

图 1-20 中指出了在七个不同时期的阶段中所要采取的逻辑步骤。如果把它们综合在一起，就构成了霍尔的系统工程活动矩阵（表 1-1）。

① 钱学森，许志国，王寿云 . 组织管理技术——系统工程 [J]. 文汇报，1978-9-27.

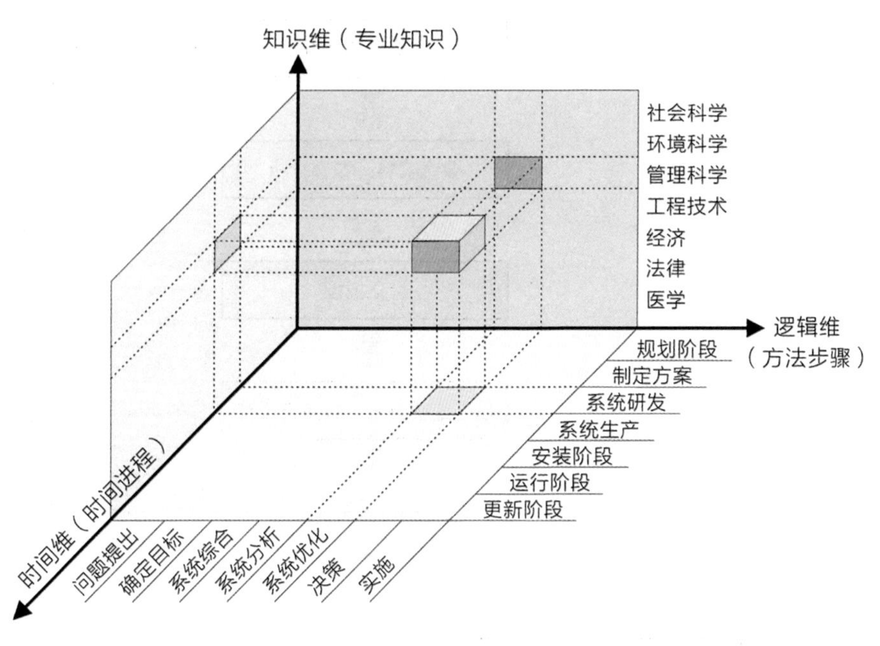

图 1-20　霍尔三维结构图

霍尔的系统工程活动矩阵　　　　表 1-1

（逻辑维）进程 / 步骤（时间维）	1 问题提出	2 确定目标	3 系统综合	4 系统分析	5 系统优化	6 决策	7 实施
1 规划阶段	a11	a12				a16	a17
2 制定方案	a21						
3 系统研发							a37
4 系统生产				a44			
5 安装阶段							
6 运行阶段	a61						
7 更新阶段	a71	a72				a76	a77

根据霍尔关于系统工程的三维结构和活动矩阵，我们可以将系统工程方法看作是有系统分析、系统模拟、系统设计、系统管理等这些主要环节组成的过程，如图 1-21 所示。

在霍尔的系统工程方法中，系统工程所需要研制的系统一般是规模巨大而复杂的大系统，其中包括很多子系统或要素，它们以及它们之间的关系可以是确定的，也可以是不确定的，还可以是矛盾的。系统工程的目的是使人工系统达到一种整体性的优化目标。因此，在确定这种目标之后，首先必须进行系统分析。系统分析是系统工程的首要步骤，也可以说是起到核心作用的步骤。甚至在一些早期的论著中往往将系统分析看作是系统工程的同义语。系统分析的步骤包括系统目的的分析和确定、系统的模型化、系统的最优化和系统评价等几个主要环节，其目的是要定量地给出系统模型，评价系统的功能与效益特性，以保证最优设计和最优管理的实现。

系统模拟是在系统分析提出初步的系统模型之后所进行的各种仿真试验，可以有原型模拟、计算

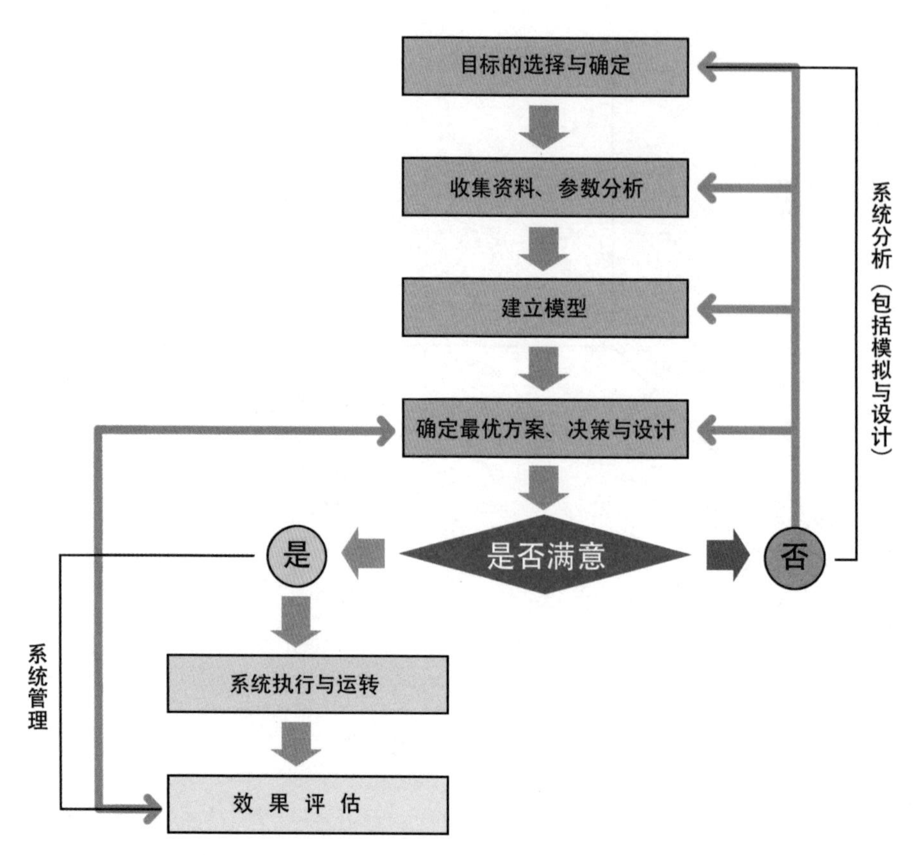

图 1-21 系统工程方法示意图

机软件模拟等方式，以便比较不同的方案，进行决策分析，做出优化决策。

系统设计由最初的理想设计开始，在考虑系统目标实现所必须的约束条件之后，经过一定途径的评价与修正，使之符合现实要求，建立起技术上可以实现的系统。所以，系统设计是与系统模型、仿真、决策密切相关，其目的是根据系统分析和系统模拟所作出的决策提出能在技术上实现的优化方案（设计）。下一步才能转入系统研制、执行或运转。具体来说，在设计新系统时，第一步，把系统要实现的功能作为系统的目标，提出约束条件。设计人员根据这些条件和各种环境因素进行实事求是的分析与评价，设计出有可能实现的几种方案。第二步，对这些方案再做出分析与评价，选出最优方案，并且提出优化方案的决定准则。第三步，就是具体设计，详细设计出最优方案系统。最后进行系统研制、试验和评价，看是否达到预期效果，发现不当之处再及时修正，直至实现或接近理想设计。

霍尔提出的系统工程方法适用于探索性强、技术复杂、周期长的大型项目的设计、研制与管理，注重技术环节的实现，在人性、商业、社会等因素对系统设计与实现所可能产生的影响上考虑不足，特别是在面对许多柔性指标的时候，其模型的建立和以此为依据开展的评价都会显得过于“生硬”。

（2）WSR 系统方法

WSR 系统方法是“物理（WuI）—事理（Shi）—人理（RenI）方法论”的简称，是中国著名系统科学专家顾基发教授和朱志昌博士于 1994 年在英国 HULL 大学提出的。顾名思义，物理—事理—人理（WSR）系统方法论就是物理、事理和人理三者如何巧妙配置有效利用以解决问题的一种系统方法论。它既是一种方法论，又是一种解决复杂问题的工具，将定性与定量分析综合集成，具有中国传统的哲学思辨，是多种方法的综合统一。WSR 方法论弥补了现有的一些系统理论和方法存在的不足。①

在 WSR 系统方法论中，“物理”指涉及物质运动的机理，它既包括狭义的物理，还包括化学、生物、地理、天文等自然科学知识。“事理”指做事的道理，主要解决如何去安排所有的设备、材料、人员，通常用到运筹学与管理科学方面的知识来回答“怎样去做”，这也是事理学重点研究的内容。“人理”指做人的道理，通常要用人文与社会科学的知识去回答“应当怎样做”和“最好怎么做”的问题。实际生活中处理任何“事”和“物”都离不开人去做，而判断这些事和物是否应用得当，也由人来完成，所以系统实践必须充分考虑人的因素。人理的作用可以反映在世界观、文化、信仰、宗教和情感等方面，特别表现在人们处理一些“事”和“物”中的利益观和价值观上。在处理认识世界方面可表现为如何更好地去认识事物、学习知识，如何去激励人的创造力、唤起人的热情、开发人的智慧。物理关注是什么，功能分析；事理关注怎么做，逻辑分析；人理关注谁来做，人文分析（表 1-2）。

在运用 WSR 方法论时遵循下列原则：

1）综合原则。综合各种知识，听取各种意见，取其所长，互相弥补，以帮助获得关于实践对象的可达的想定（scenario），这首先期望各方面相关人员的积极参与。

2）参与原则。全员参与，或不同的人员（或小组）之间通过参与而建立良好的沟通，有助于理解相互的意图，设计合理的目标，选择可行的策略，改正不切实际的想法。实际中，常常是有些用户以为出钱后就是项目组的事，不积极参与其中，或者有的项目组对大概的情况了解后就不与用户联系而去闭门造车，这样的项目十之八九会失败，因此成立项目小组和总体协调小组都需要相应的用户方的参加。

3）可操作原则。选用的方法紧密结合实践，实践的结果需要为用户所用。考虑可操作性，不仅考虑表面上的可操作，如友好的人机界面等，更提倡整个实践活动的可操作性，如目标、策略、方案的可操作性，文化与世界观对这些目标策略能否有可操作的影响，最后实现结果是否为用户所理解和所用，可用的程度有多大。

4）迭代原则。遵从人们的认识过程是交互的、循环的、学习的过程原则，从目标到策略到方案到结果的付诸实施体现了实践者的认识与决策、主观的评价、对冲突的妥协，等等。在每一个阶段对物理、事理、人理三个方面的侧重也会有所不同。

WSR 系统方法论内容 **表 1-2**

	物　理	事　理	人　理
对象与内容	客观物质世界、法规、规则	组织、系统管理和做事的道理	人、群体、关系、为人处世的道理
焦点	是什么？ 功能分析	怎么做？ 逻辑分析	最好怎么做？可能是？ 人文分析
原则	诚实；追求真理	协调；追求效率	讲人性、和谐；追求成效
所需知识	自然科学	管理科学、系统科学	人文知识、行为科学

① 顾基发，唐锡晋．物理—事理—人理系统方法论：理论与应用 [M]. 上海：上海科技教育出版社，2006.

WSR 方法论一般工作过程分为 7 步：

①理解意图；②制定目标；③调查分析；④构造策略；⑤选择方案；⑥协调关系；⑦实现构想。

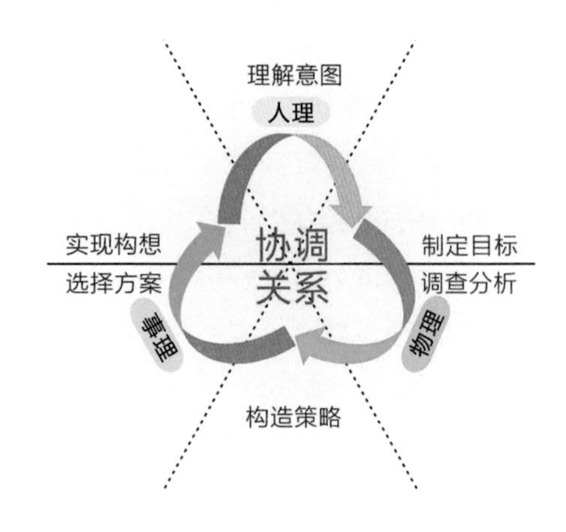

图 1-22 WSR 系统方法论的工作过程（作者：顾基发）

这些步骤不一定严格依照图 1-22 中所描述的顺时针顺序，协调关系始终贯穿于整个过程。协调关系不仅仅是协调人与人的关系，还可以是协调每一步实践中物理、事理和人理的关系；协调意图、目标、现实、策略、方案、构想间的关系；协调系统实践的投入（input）、产出（output）与成效（outcome）的关系。这些协调都是由人完成，着眼点与手段应根据协调的对象而有所不同。在理解用户意图后，实践者将会根据沟通中所了解到的意图、简单的观察和以往的经验等形成对考察对象一个主观的概念原型，包括所能想到的对考察对象的基本假设，并初步明确实践目标，以此开展调查工作。因资源（人力、物力、财力、思维能力）有限，调查不可能是漫无边际、面面俱到，而调查分析的结果是将一个粗略的概念原型演化为详细的概念模型，目标得到了修正，形成了策略和具体方案，并提交用户选择。只有经过真正有效的沟通后，实现的构想才有可能为用户所接受，并有可能启发其新的意图。

WSR 方法论在处理物理、事理、人理的方法上，尤其具有中国传统智慧特色的是关于人理的考虑，其将人理细分为关系、感情、习惯、知识、利益、斗争、和解、和谐、管理等。

1）关系。人与人之间都有相互关系，需要去深入了解，并将它们适当表示出来。具体方法包括 CATWOE 模型法、社会网络图、关系图。

2）感情。人与人之间是有感情的，可以用各种方法去直接或间接地找出来。直接感觉，计算机测量，心理访谈，情商、权商或反商等都是需要考虑的方面。

3）习惯。人们在待人、处世、办事和做决策时都有一定习惯，就像物体运动时会有惯性。人们可以从一个人过去的习惯去判断这个人会怎样做事，也可以改造一些不好的习惯和建立一些好的习惯使今后办事更合理、更聪明。

4）知识。人具有拥有知识和创造知识的能力，因此找到知识的表达，特别是把隐性知识如何变成更多人可以掌握的显性知识。人不单拥有已有的知识，而且还能创造新知识，因此需要个人和群体知识的创造过程，还要形成能激发人们创造的场。

5）利益。不同的人都有自己不同的利益诉求，如何去协调权衡，争取利益。

6）斗争。在博弈论、对策论中都有较好的阐述，在系统中的博弈是动态平衡的关键因素。

7）和解。寻找协调解、妥协解的方法。

8）和谐。是照顾整体统一的“求同”，协调人与人、人与团体之间共存、共生、共进。

9）管理。在协调管物、管事中人的管理。

1.4 产品系统设计课程教学评价

产品系统课程的教学一般都是以大作业课题设计的方式进行。在本教材中尽管分成了不同的教学阶段，但是，最后的课程作业还是希望以一个相对完整的课题设计作业系统地呈现出来。因此，这就牵涉每个小实验的评分与最后的课题设计作业的评价之间关系的问题。在编者所在学校，一般把前面的分阶段实验评分作为平时成绩，占总成绩的 40%~50%；最后的课题设计总体综合效果占总成绩的 50%~60%。同时，编者所在学校的产品系统设计课程一般会引入企业或其他机构的实际研究课题作为课程教学的课题，因此，在最终的课题设计评价中一般会引入多方评价机制，具体如图 1-23 所示。

在这个评价体系中，评价来自三方，分别是教师，社会（企业、用户），学生互评，所占的权重系数会有所差异，可以根据具体的课题进行调整。评价的方式以课题设计成果展示和公开汇报答辩的方式进行。各评价方在评价指标的指引下独立作出判断，按照百分制的形式给出每个课题设计的分数，然后根据权重系数统计出最后的成绩。为调动学生的学习积极性，一般会针对具体课题和课程参与学生的情况设立相应的奖项，并在课程结束的汇报总结环节举行颁奖仪式。

评价原则：

（1）公平、公开、公正、独立评价。

（2）允许质疑和提问，鼓励辩论和有思想的阐述，鼓励提出建议，不允许不负责任的批评。

（3）可邀请其他机构人员、教师、设计专业人士、目标用户群体代表参与评价。

（4）评价指标在课程开始之前与课题提供方共同制定并在课程开始的阶段公布，评价过程中不做出调整。

课程成果可向课题提供方转化、申报专利。所有活动鼓励学生策划、组织、开展，最后做出总结。

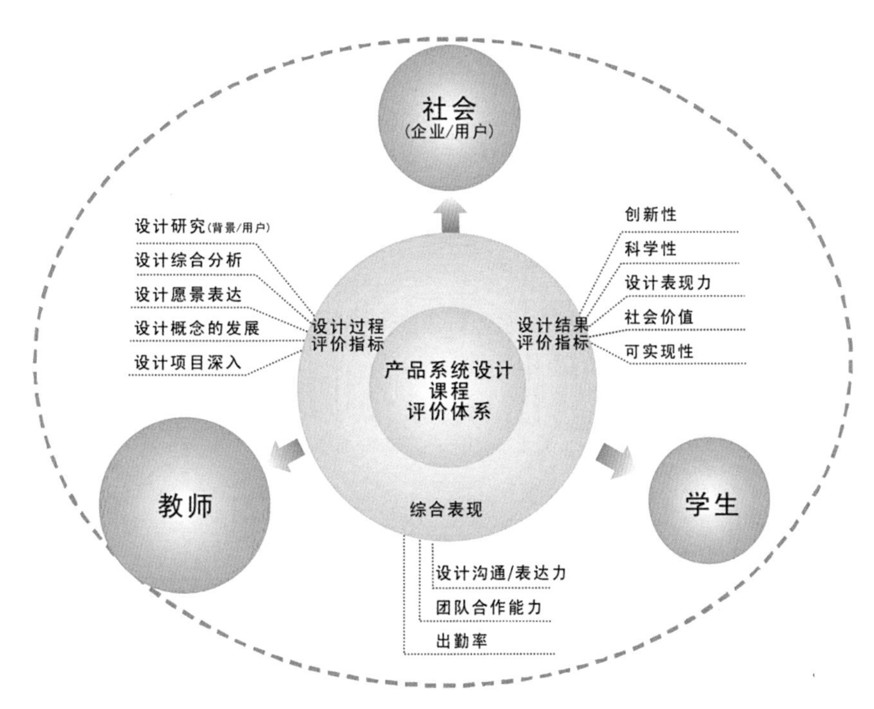

图 1-23　产品系统设计课程三方综合评价体系

02

第 2 章　设计课题与实训

第2章　设计课题与实训

2.1　产品设计的系统观

产品系统设计是系统科学的理论与研究成果在产品设计领域的具体体现、系统论方法在产品设计活动中的具体应用、系统认知论在产品设计思维中的具体影响、系统演化论在产品设计认识中的具体拓展、系统控制论在产品设计方向选择与决策中的具体理论依据。随着社会和经济的不断发展、当代设计学科研究的不断深入，产品设计也由原来单纯的、感性主导的设计实践行为转化成理性的、复杂的科学分析与研究。系统科学为设计学带来的系统整体性、关联性、等级结构性、动态平衡性、有序性观念极大地促进了设计学科的内涵拓展和体系科学化，很大程度上推动了中国的传统设计能够真正地从艺术领域不断成长，逐步成长为一门具有设计学系统理论的独立学科。

2.1.1　产品系统观的感知

实训课题名称：产品系统观的直观感知图解

教学目的：通过对产品及其关联、运行系统的图解与分析，初步感知产品系统与环境之间的关系，初步理解系统中要素、结构、功能、环境之间的关系。

作业要求：选择一件身边的产品，画出产品与环境之间的关系，再进一步说明这种关系又是如何与别的系统相关联从而构成更大一级系统的。“图形＋文字”的形式表现，徒手、软件制作均可。

评价依据：1）对产品功能的理解与描述；

2）图示与文字表达是否清晰有序；

3）选择产品的差异性也可以作为一个参考指标。

（1）教学启发

产品系统边界与环境之间存在着相互依存和相互作用的辩证关系。产品自身是一个系统，而这个系统是依存在具体的环境中的，在与环境发生互动关系的同时，也构成了另一个更大系统的一个“要素”。正因为这种既依存又作用，并且共生成为更大系统要素的辩证互动关系，构成了丰富多彩的各级“系统”，最终使整个社会构建成一个统一的整体，并通过动态的变化与平衡不断推动社会向前发展。

比如下面这个故事：

在中国传统文化里，门槛的高低是家庭的社会地位是否显赫的象征，但是，去过故宫的人可能会关注到这样一种情况：据统计，故宫中原来高高的门槛有30多处被锯掉了！是谁锯掉的呢？末代皇帝溥仪。原来，是有人送给了溥仪一辆自行车，溥仪很喜欢，于是在故宫中骑行，而故宫中高高的门槛挡住了他骑车，于是他命人将他骑车所经过路上的门槛全部锯掉了（图2-1）。

图2-1　故宫中被锯掉的门槛

自行车产品本身已经构成了一个完整的系统，具有了特定的功能，但是，这种功能只有在适合它的平台上才能有效地运行。溥仪的自行车要发挥可以骑行的功能，就必须有适合自行车骑行的道路，而故宫内原来高高的门槛阻断了自行车骑行的道路，于是门槛就只有被锯掉了。同时，如果溥仪不是有太监、宫女为他单独服务的末代皇帝，那么，自行车正常功能的运行还需要有一个维修、保养等的服务系统来保障；如果不是末代皇帝在宫里单独地骑行，而是普通的平民骑行，一旦上路，还必须要有与之相对应的道路交通规则，如果是现代，还必须要有相应的道路信号与控制系统。而这些系统的构成，也还仅仅是整个城市道路交通系统中的一个“元素”。

所以，系统的边界与环境、要素与系统之间的关系是辩证的、动态的、分级（层）的，系统通过有序的结构在合适的环境中输出功能，同时，又与“环境”构成了一个高一层次（更大的）系统的一个要素。

（2）案例解析

本次训练是关于产品系统观的初步感知训练，所以，在具体训练过程中只要求能够有产品系统的初步认知和图解说明即可。如果能够针对具体产品或者某一具体问题进行系统解析，当然更能反映认识的深度和广度。

如图2-2所示，尽管在系统观的表达上还不够完善和深入，但是基本达到了课题训练的目的。图示说明能够从不同的角度理解电水壶这个产品要实现其功能所需要满足的关联系统条件，以及其后面可能涉及的更大的系统，基本能反映出对产品系统观的感知与理解；图2-3用拼图的方式说明了共享单车的运行系统及其关联系统，但是在关于系统的结构关系上还有待加强。图2-4是一个从城市交通问题出发的系统关系结构图，较好地展示了解决城市交通拥堵问题的系统解决方案，分别从人、产品、运行平台、城市环境、系统管理、运行体系与制度等方面进行了建构与说明，是一个十分完善的系统关系图。

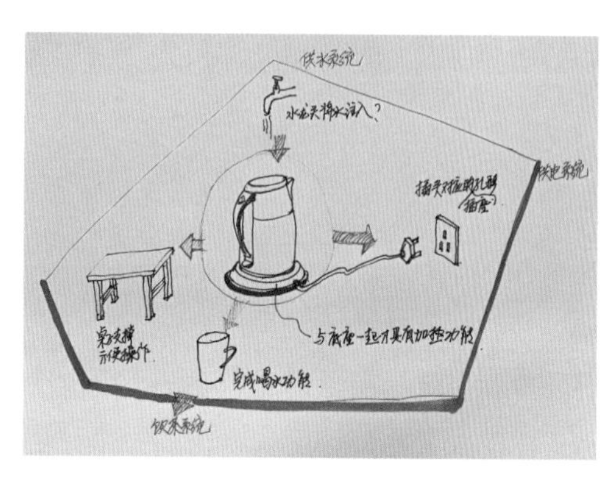

图2-2 电水壶产品系统图示（作者：张梓云）

图2-3 共享单车系统图示（作者：李伟峰）

图2-4 城市交通拥堵解决系统（作者：陈仲）

2.1.2 产品的全生命周期

实训课题名称：产品的全生命周期关联因素图文解析

教学目的：通过对产品全生命周期关联因素的解析，增强对产品系统的纵向与横向相结合的系统观的理解，为建立整体的、动态的、关联的系统观打下基础。培养复杂情况下的调研能力。

作业要求：选择一个相对熟悉的简单产品，调研产品全生命周期的不同阶段中可能关联因素的具体情况，以列表的方式进行梳理。要求尽量涉及产品生命周期的所有环节，如果对某些环节不是很了解，建议学生通过各种方式进行调研。

评价依据：1）图文解析是否考虑到产品全生命周期包含的各个方面；

2）表述的各个关联因素是否合理；

3）关联因素的发现是否具有独到见解；

4）是否可以针对产品现状提出存在的不足。

（1）关于产品全生命周期

广义的产品全生命周期是指产品从策划、设计开始至产品最后消亡的全过程；狭义的产品全生命周期是指产品开始生产到最后消亡的过程，在狭义的产品全生命周期中，将产品的策划、设计阶段排除在概念之外。其实，产品系统设计需要考量的恰恰是狭义的产品全生命周期的内容，广义和狭义的区别只是对行为和内容的不同理解。

产品全生命周期的系统关联如图 2-5 所示。也许，在产品全生命周期的某个阶段一种因素或几个因素会成为核心要素，但是，我们不能因为这些核心要素而忽略了其他要素可能带来的影响。图中是产品全生命周期中核心要素与产品系统之间关系的展示，但是，如果我们理解成只有在产品生命的这个阶段才会关注这个要素，那么就有些偏差了。比如：在产品的生产阶段我们要考虑到装配问题，是因为方便工人生产，提高工作效率；其实在使用阶段因为维修服务的需要也应该考虑到产品的装配问题；同样，在产品的最后消亡处理阶段还是要涉及装配问题，不过是装配的反向——拆解问题。

产品全生命周期也是管理学、营销学等其他学科研究的内容。设计学学科关注产品的全生命周期主要是从设计的角度在产品的开发设计阶段对产品未来的生命过程中可能关联的相关因素做到提前预测、规划、应对。因此，要求设计者对研究对象进行深入的研究，对未来发展的方向有科学的评估，对环境的要求有全面的了解，对用户的诉求有独到的见解……当然，这是一个需要在设计生涯中不断提升的过程。

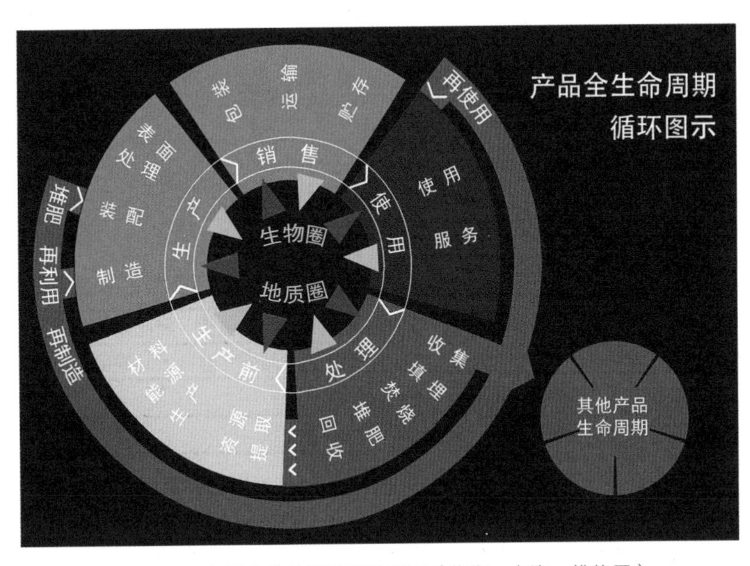

图 2-5 产品全生命周期系统图示（作者：卡洛·维佐里）

（2）产品全生命周期关联因素分析实训

产品全生命周期概念及其各阶段关联的因素是产品系统设计课程教学之前需要学生理解的内容。产品从设计（作品）、生产（产品）、销售（商品）、使用（用品）到消亡（废品）的生命过程中，其“身份”也在不断地发生变化，这种变化一方面反映了产品在不同阶段的属性，另一方面也对产品设计者提出了把握这种属性变化的能力要求。开展这一教学环节的课题训练主要从下面三个方面提升对产品设计系统观的认识：

首先，通过系统梳理产品全生命周期的关联因素，使学生初步理解设计活动是感性表达与理性思维和行为方式相结合的活动。能够认识到以往设计过程中可能存在的仅仅依靠“拍脑袋”式的创意开展设计的不足，逐步养成在目标指引的前提下，系统地规划、计划、实施自己的设计活动的良好习惯，逐步培养理性分析能力。

其次，通过系统梳理产品全生命周期的关联因素，使学生加强对设计系统性、复杂性、综合性的认识，培养学生在复杂交错的环境中发现因素间关系、研究关联因素相互作用的能力。如果刚开始的时候学生不知道从何入手，可以引导学生就某一个环节进行实地调研，或者进行体验式调研。如果在全生命周期的所有环节都进行关联因素解析有一定难度，可以只要求学生做一个或几个环节的关联因素解析。

最后，通过系统梳理产品全生命周期的关联因素，培养学生对具体产品的分析能力。不同的产品在生命周期的不同阶段的相互关联因素有共性，更应该鼓励学生发现个性化的关系和因素，也可以将同学分成组，进行类似产品的解析，再拿出来讨论、比较。如图 2-6 所示的纸杯的包装因素，如果将产品换成玻璃杯会有什么样的差异。

建议该课题设计从简单的产品入手，有利于把握要素间的关系；建议教师对学生所选的产品进行把关，便于保证教学活动的顺利进行；建议在教学过程中可以针对某位（组）学生的解析进行全教学班的讨论，通过其他同学的讨论和建议进行改进。

产品	周期阶段	因素	具 体 情 况
 纸杯	生产前阶段	材料	环保无害、耐温、无异味、厚度复合要求、密度、强度 ……
		能源	生产效率、生产方式（电、机械）、材料消耗 ……
		生产	设备要求、工人素质、工艺难度、生产环境、卫生条件 ……
		资源提取	造纸材料、可回收、适度的容量、纸张剪裁模数 ……
	生产阶段	装配	杯底和杯壁组合方式、装配次序、胶水、成型步骤与时间 ……
		制造	设备运转、质量、工人管理、原材料供应、废料处理 ……
		表面处理	不易污染、防滑、有个性、图形 ……
		……	
	销售阶段	包装	抗压要求、分组、不污染、防水、堆码层、文字符号、色彩 ……
		运输	体积、重量、密封运输、防挤压、工具要求 ……
		储存	堆码层、非露天、温度、湿度、储存时间、防火、离地 ……
		……	
……	……	……	
		……	
		……	
		……	

图 2-6 产品全生命周期系统要素解析示意图

2.1.3 系统设计从系统的工作计划开始

实训课题名称：课题设计工作计划制定

教学目的：通过阶段性工作计划的制定，培养学生在设计目标的指引下系统地规划和协调时间与进度、工作内容、成员协作、资源整合等方面的能力；让学生在课题设计之前建立起对课题的整体认识。培养学生的主动学习和探究式、规划引导式学习能力。

作业要求：从本课题开始，可以单人或以 3~4 人一组为单位开展。选择接下来需要开展的课题方向制定设计工作计划，明确课题设计工作内容和时间进程，明确各阶段应达到的目标，进行团队分工。计划应以进程表的形式列出，要求课题组能够对照执行。

评价依据：1）工作的系统性是否能体现、工作目标是否明确、工作内容是否全面、任务分解是否合理、进度安排是否科学、人员分工是否体现协同性；

2）工作计划是否体现小组集体意志，小组成员对工作计划是否都认同并愿意对照执行；

3）工作计划的图表展示与内容传达性也可以作为评价依据。

（1）教学启发

有这样一个故事：

一位牧师走过建筑工地，看见两个工人在砌砖。“你在干什么呢？”他问第一个工人。

“我在砌砖。”工人粗鲁地回答。

“你呢？”他又问第二个工人。

“我在建大教堂。”工人高兴地回答。

此人的理想主义以及对上帝宏伟计划的参与感，给牧师留下了愉快的印象。他据此写了一篇布道文章，并于第二天又来到工地，想和这个有灵感的砌砖工人交谈。工地上只有第一个工人在工作。

“你的同伴去哪儿了？”牧师问道。

“他被解雇了。”

“真糟糕！为什么？”

“他以为我们在建大教堂，但我们是在建一个车库。”

在平凡的世界中，我们似乎首先应该建立对现实目标正确的、全面的、深入的了解。既不能只见“砖块”不见“建筑”，也不能出现理解的偏差。然而，在面对人造的系统时，人们对系统属性的设定是通过结构关系具体体现出来的，不同的人从不同的角度会出现理解的偏差，它取决于包含或忽略的东西与系统设计目的之间的相关性。当我们更关心建大教堂而不是车库的时候，观察者的观点和评价就发生了变化。我们的观点（或他们的观点）是“好”是“坏”，只能根据“系统的设计目的”来判断。

系统是一个集合。更多时候，真实物理世界中的物体并没有精确定义的准则。虽然观察者的出发点和角度决定了一个系统的意义，但是，如果要开始采用一般系统方法，我们就必须将注意力缩小到某些非任意系统，这些理由是秩序之源，使得系统思维成为可能，其中最一般的规律就是系统思维的源泉。非任意性来自两方面。它可以“本来就存在”于“真实的物理世界”，也可以来自观察者。在具体的设计实践中，我们常常会遇到产品的使用者在使用产品的时候并不遵循设计师为其规划的功能原则，而是根据自己的理解和需要作出改变。面对这种现象，我们应该如何理解呢？

在现代社会分工越来越细的大趋势下，围绕“产品”这个工作中心，设计者需要在充分、准确地理解产品系统属性的前提下，将自身所从事的局部工作与系统要求的大目标和谐统一，使我们的工作既能成为系统工作中不可分割的一部分，又能在工作中充分地发挥主观能动性。

（2）产品系统设计的一般程序

在靠经验或者感性支撑的设计时代，人们几乎不会关注设计的程序问题。随着面临课题的多元性、复杂性的增强，设计活动已经不可能再依靠个人的经验或灵感就能独立完成，往往需要相对长期的、系统的研究与分析，通过各方协同的方式实现最终目标。因此，各个层级的设计工作计划就显得十分必要了。而要制定科学合理的产品系统设计工作计划，首先就是要深入地了解产品系统设计的一般程序。

产品系统设计的工作内容一般包含：明确设计目标和方向、为达到目标的途径（路径）、为达到目标的策略手段、为达到目标而运用的工具、为有效运用工具所必须遵循的程序方法。

如图 2-7 所示，传统产品设计在产品开发过程中所处的位置主要在中下游部分，但并不是说产品设计的工作仅仅是与这些环节相关，其他未标示或者在图中未列出的众多环节依然是工作中相关的要素。在具体的设计实践中，设计的过程又是一个相对动态的过程，设计的程序会因具体的情况作出变化。

产品系统设计的程序模式主要有[①]：

1）O-R-O 模式

O-R-O 是客体（要素）、联系（结构）、产出（功能）系统模式。O-R-O 模式将设计集中在要素的转换关系上，比较直观、单纯，易于控制，主要运用于关系单纯而明确的产品设计过程。比如：我们要设计一支签字笔，我们就会这样思考：签字笔由哪些要素构成，即各种零件（客体）；如何将这些零件联系起来（结构）；最后达到什么目的（功能）。在签字笔的设计过程中，材料、工艺、零件等要素质量或结构的合理与否，直接关系到最后的功能，同时它也是可控的。

2）串行模式

就是将设计过程中的各个环节视为要素，而要素之间构成一定的先后顺序关系，这种模式就称为产品设计的串行模式。这种模式以强调行动、行动之间的关系以及行动之间的顺序为特征，一般用单向的流程图表示。串行模式下，一旦上一个环节要素不能达到预期效果，将影响到下一环节的进行，甚至影响整个设计活动的开展。

3）并行模式

并行模式强调要素之间的网络结构关系，是对设计过程进行集成、并行的系统化设计模式。这种模式从一开始就要求考虑产品全生命周期中的各种因素。这些工作需要不同领域的专业人员的共同参与、协同工作，同时又相互制约。需要强调的是，并行模式并不是设计活动的各自为政，应该是设计过程中的一种协作关系。这种模式将设计活动更好地融入产品系统的整个开发过程中，将设计活动的参与与发挥作用极大地前推了。

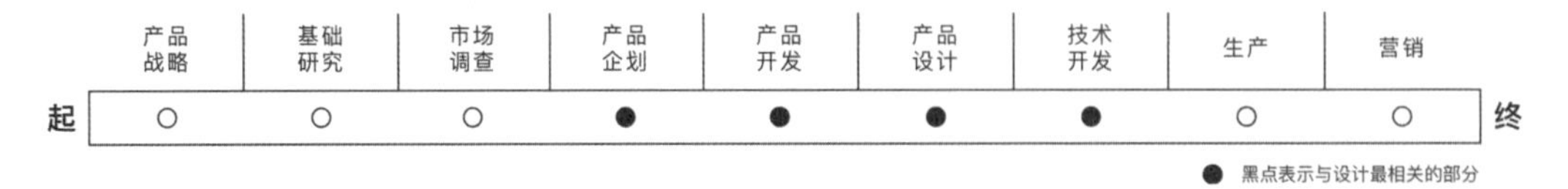

图 2-7　传统的产品设计工作在整个产品开发过程中的主要环节示意图（作者：吴翔）

① 吴翔. 产品系统设计 [M]. 北京：中国轻工业出版社，2016：15-16.

（3）案例解析

课题工作计划因目标变化而动态变化，图 2-8 为商业引导下的工作流程，在这一工作流程中商业需求向设计策略以及设计策略向设计方案转化，通过后面的提出问题、分析问题、解决问题、评估问题四个环节得以保证。图 2-9 为传统产品系统设计流程示意图。在这个流程图中，六个阶段对应的具体工作可能因为技术、环境、设计生态的变化已经发生了较大的变化。但是，流程图中所透露的系统规划性还是值得借鉴的。图 2-10 为一组跨校进行的国际设计 workshop 的同学工作计划的部分内容，尽管相对简单，但基本的流程和内容已表达清晰。

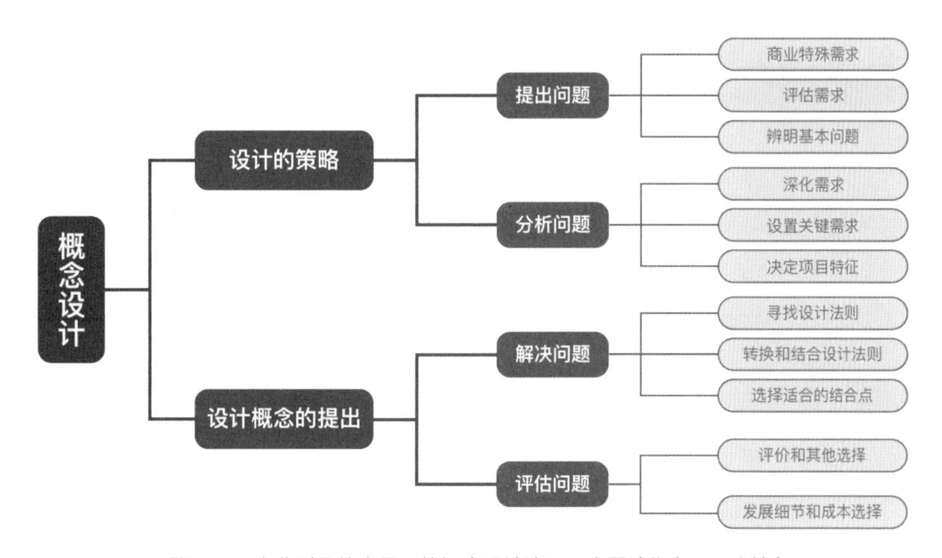

图 2-8　商业引导的产品系统概念设计流程示意图（作者：王昀等）

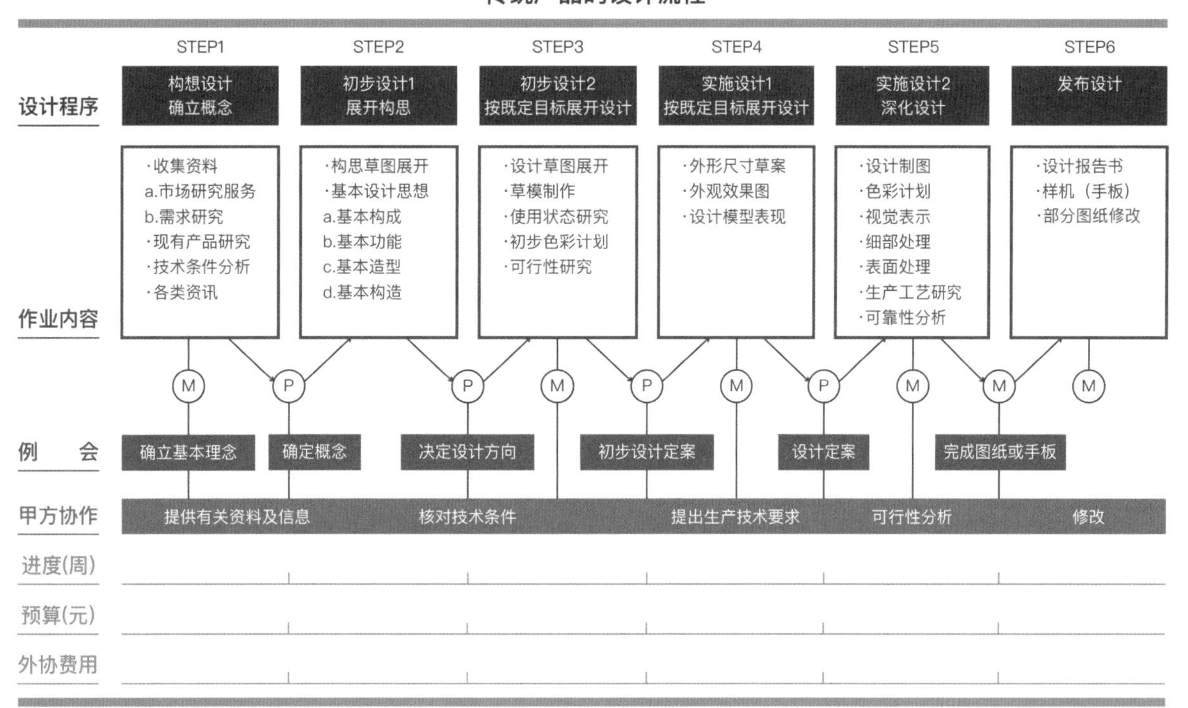

图 2-9　传统产品系统设计流程示意图（作者：吴翔）

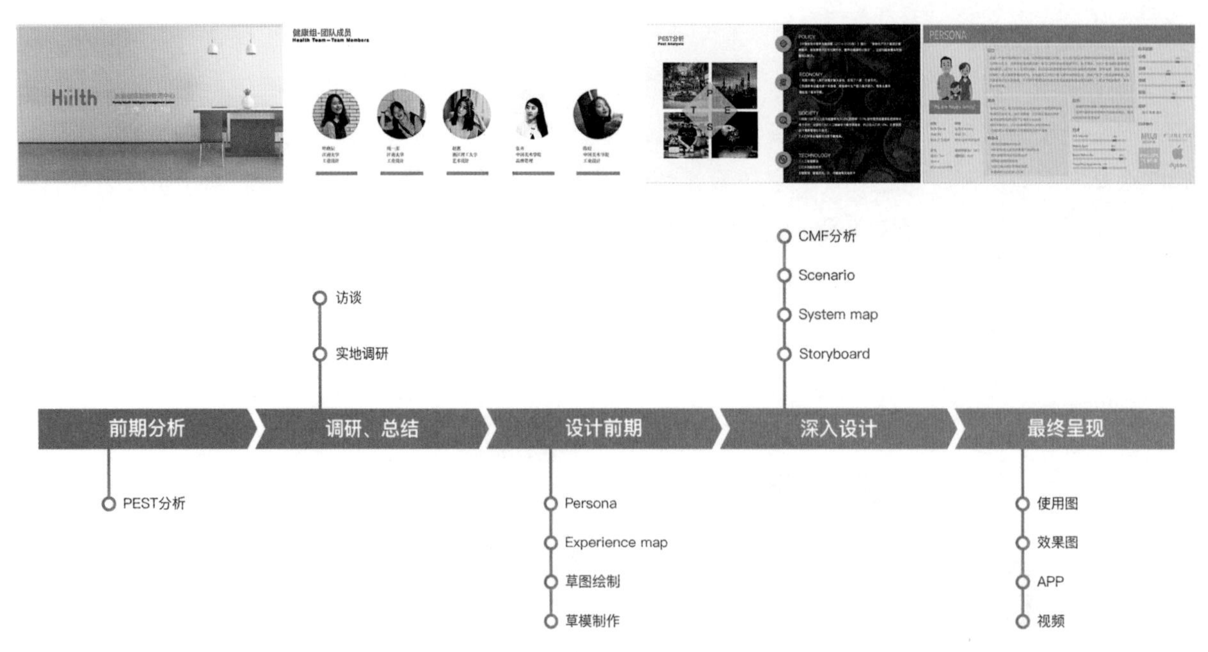

图2-10　产品系统设计工作计划制定（作者：叶晓辰、周一苇、赵蕙、张卉、陈姣）

（4）设计工作计划制定实训

产品系统设计课题设计工作计划可以根据具体的教学安排对学生提出相应的要求。在计划制定之前可以要求学生对课题设计应该达成的目标、具体工作内容进行评估，对采取什么样的设计程序模式和设计的主要环节进行充分的讨论与论证，对团队的协作与分工列出清单，对进度要求进行论证并制定相应的应急或调整方案。同时，要求学生与教师的教学进度表协调统一，图2-11为编者《产品系统设计》课程教学的一个进度计划，其中许多环节是根据当时的课题设计需要而进行的安排，并不代表固定的模式，仅作为参考。

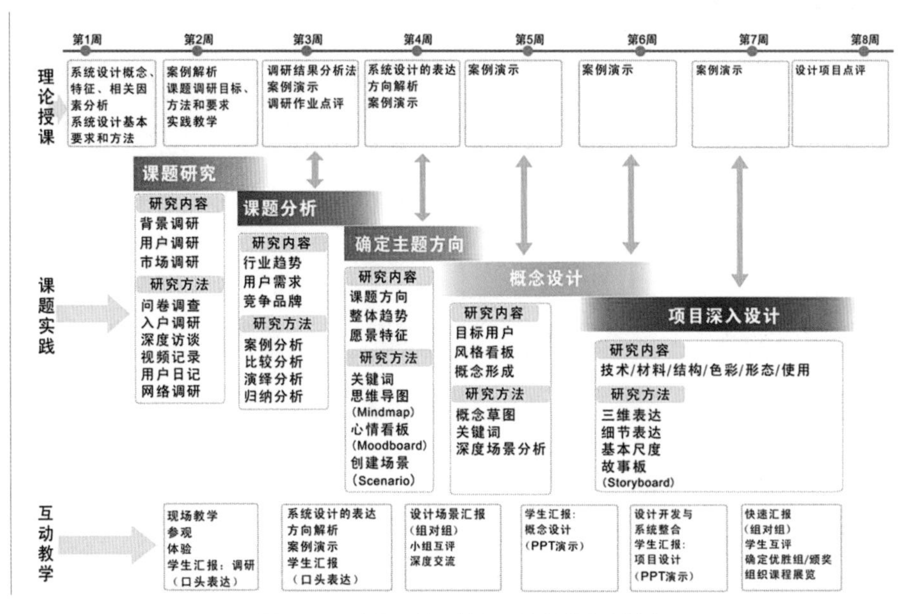

图2-11　产品系统设计课程教学进度计划表

2.2 问题提出与系统目标设定

产品系统设计应该是目标明确的设计活动，目标来自于现实的需求和现实存在的问题，而不管是现实的需求还是现实存在的问题，都必须通过调研才能获得。

2.2.1 产品系统设计调研

实训课题名称：产品系统设计调研

教学目的：通过调研，发现需要设计的课题领域可能存在的问题，为后续的课题进展提供基础；培养学生发现问题、提炼问题的能力；学会常用的设计调研方法，并针对具体课题需要进行调研实践；能够按计划开展产品系统设计的调研活动，写出设计调研报告。

作业要求：围绕课题设计要求，开展不少于 3 种方式的调研活动，根据调研活动获得的数据撰写设计调研报告。

评价依据：1）调研方法选择是否符合课题设计需要；

2）调研过程中发现的问题是否具有一定深度，所获得的数据是否全面、是否相互印证、是否对设计具有价值；

3）设计调查报告撰写是否具有系统性，逻辑结构如何。

（1）关于设计调研

设计调研，就是关于设计的调查和研究。设计调研的目的是为了能有效地指导设计活动开展和产生积极的设计结果。通俗点说，就是要弄清楚人们想要什么，然后通过设计满足他们的需求。设计调研涉及 3 个层面：

1）为了制定设计战略规划，在战略层面制定企业发展战略蓝图而展开的调查，又称战略调查；

2）为了制定产品开发计划和下达设计任务，在设计管理层展开的调查，又称为战役布局调查；

3）为了开展设计工作，探寻设计目标、形成设计概念、技术结构选型、明确功能基准、细分用户定位、产品的形态色彩材料、完成设计任务，以设计团队为主体开展的调查，又称为战术调查。

设计调查的信息资料搜集应遵循以下原则：

1）目的性，必须事先明确目的，围绕目的搜集信息；

2）完整性，尽可能地搜集信息的各个方面，为分析判断提供依据；

3）准确性，尽量确保信息的准确，确保信息对决策判断的有效判断；

4）适时性，尽可能地获得最新信息情报；

5）计划性，为了确保情报信息的搜集做到有目的、完整、准确、适时，就必须制定周密的计划，确保搜集的内容、范围适时和可靠，从而保证情报质量；

6）条理性，对搜集到的各种信息进行整理，形成系统有序、便于使用和分析的信息。

设计调研的方式有许多种，常用的设计调查方式有问卷调查法、访谈法、亲身体验法、观察调研法、文献资料查阅法、实验法等。在产品设计环节用得最多的调查方法是问卷调查法、访谈法、观察法和亲身体验法。而调研的基本流程如下：

第一步，明确调研目标与方法。就是明确调研目标，并根据目标选择正确的调研方法。在这个过程中，我们需对调研需求进行分析，明确产品目前所处的阶段，调研希望解决的问题及具体内容，初步确定调研将会采用的类型。调研分为“定性”和“定量”两个相对的概念。定性：用于发掘问题，理解事件现象，分析人类的行为和观点，主要解决“为什么”的问题。定量：是对定性问题的验证，常用于发现行为或者事件的一般规律，主要解决“是什么”的问题。

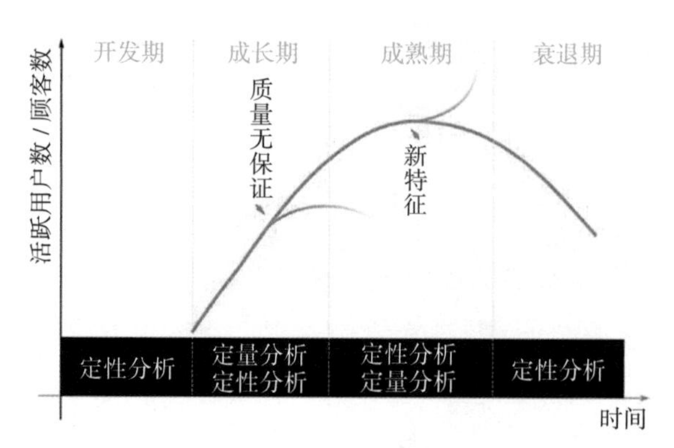

图 2-12 产品发展阶段示意图

某一类型的产品都会有不同的时期，在产品的不同阶段，需要解决的问题也会存在差异，因此在选择调查方法的类型方面也会有所不同。图 2-12 为所有调研类型在某一类型产品的四个象限的分布，横轴区分了该方法得到的数据是客观的（行为）还是主观（目标和观点）的，纵轴区分了该方法的类型是定性的还是定量的。

对应产品的不同阶段的调研方法：

产品开发期：这个阶段还没有用户，需要解决的问题是“目标用户的需求应该如何被满足?”可以通过用户访谈（竞品用户、专家用户）和二手资料研究之类的定性方法来解决。

产品成长期：这个阶段需要保证和提高产品的质量，维持高增长率。用定量的方法调查积累的用户数据，帮助我们更好地进行人群细分，再结合定性的方法来获得特定类型用户对产品的使用反馈，从而保证产品质量，提高竞争力。

产品成熟期：这个阶段产品趋于稳定，需要不断创新来保持竞争力，所以需要发现新的用户群，增加新特性来开辟市场，重新进入成长期。可以通过定性的方法发现需求，并结合定量的调查来验证评估可行性。

产品衰退期：当产品走向消亡，我们需要调整产品以适应新的用户群，又重新回到“开发期”。

第二步，制定调研计划。在明确调研目标与方法之后，需要制定详细的调研计划，对整个调研的细化，能帮助我们在调研过程中明确方向与重点，在实施过程中把控时间节点，并对结果的输出具有大致的方向。

调研背景，描述设计调研的背景及产品所处的阶段，希望通过调研找出要解决的问题。

调研目的，为了解决背景中的问题，需要在调研中完成具体的内容，也是最终报告输出时的需求阐述。

调研方案，包括调研方法、调研计划、调研对象、进度安排。

预计成果，对调研目的逐一回答，会获得一份对调研产品的全面评估报告，报告包括 3 个部分：问题说明、原因分析、解决方案。

人员分工，设计调研项目需要一个团队来配合完成，不同角色承担不同的工作。可绘制文档记录跟踪，包括环节、具体任务、负责人。

第三步，筛选调研对象。在实际调研中，根据调研目标的不同，选择设计调研的对象也会不同。以下为邀请用户的 3 个步骤：

1）确定招募对象的条件和方式，注意不要过分确定对象用户，即招募的对象可能比目标对象更宽。

2）编撰对象甄别问卷及筛选符合条件的对象，甄别问卷主要用于筛选符合条件的对象。无论是利用自己的数据还是借力专业招募公司的数据库，编写甄别问卷都是招募过程中最重要的部分。在编撰时要注意避免会直接透露所招募条件的问题。

3）确定邀请的对象信息和时间，完成招募工作后，我们需要将对象信息和时间安排整理成表格，主要指可用性测试、单人访谈、焦点小组等需要对象在特定时间到特定地点参与调研等。

第四步，执行调研过程。不同的调研方法在具体执行过程中会遇到不同的问题，下面列举几种调研方法的适应场景与方法组合。

1）焦点小组—定性。焦点小组是一种多人同时访谈的方法，6~8 人为宜。聚焦在一个或一类主题上，用结构化的方式揭示目标对象的经验、感受、态度、愿望，并努力客观地呈现其背后的理由，用于产品早期开发、重新设计或者周期迭代中。善于发现对象的愿望、动机、态度、理由；利于对比观察，是很好的探索方法。但是，不能用来证实观点和判断立场。

2）卡片归纳分类法—定性。卡片法是以卡片为载体来帮助人们做思维显现、整理、交流的一种方法。便于整理，随时抽取，方便查找，还可以将不同时间记下的信息做比较，进行排列。常用于产品目的、受众以及特性的确定，但在开发信息架构或设计还未确定之前，这种方法处于设计的中间环节，也广泛用于创造型思维的激发方法中，比如在头脑风暴中使用。

3）问卷调查法—定量。问卷调查是指调查者通过统一设计的问卷来向被调查者了解情况，征询意见的一种资料收集方法，是发现用户是谁和他们有哪些意见的最佳工具。问卷类型分为结构问卷、无结构问卷和半结构问卷。问卷调查省时、省钱、省力，不受空间限制，利于做定量的分析和研究。

4）可用性测试—定量。可用性测试是一种基于试验的测试方法，6~10 名为宜。在于发现人们如何执行具体任务，因此用这种方法来检查每个独立特性的功能点向预期用户展示的方式是发现可用性问题最快、最简单的方式。

5）问卷法和焦点小组—定性和定量。这种组合是将定性和定量的方法结合起来，如通过定量的问卷发现人们行为中的模式，通过焦点小组对造成这些行为的原因进行研究。反过来又可以再通过问卷法来验证这个解释。如此交替的调查方式在实践中经常使用。

第五步，输出调研结果。对调查结果进行总结、整理、分析、报告。输出结果一般有定性报告和定量报告两种形式。

定性报告，写报告的关键点在于要围绕调研目的来写。不要把所有的研究结果罗列出来，然后告诉大家每个用户说了什么做了什么。较好的方式如：确定目标—分析结论—摆出证据—给出相应的建议。

定量报告，最重要的是图表的呈现方式，要选择合适的图表来表达需要呈现的信息。

（2）案例解析

“以人为本”的设计是设计师遵循的设计准则之一。在现代商业社会，要做到以人为本，无疑是需要找到适合的客户群体，找准产品的目标市场，研究用户习惯。以“人”为中心的设计调研显然不可能去问所有的人对问题的看法，设计师必须要使用适当的工具和方法从用户中提取最有效的信息，而不是提取所有能提取的信息。

针对产品的功能和面对的用户群体的不同，应该选择不同的调研方式。如图 2-13，LAPKA 是一个个人环境监测设备。在产品开发设计之初，设计团队采用了惯用的设计调研方法如“访谈”、“问卷”和“讨论会”等。目标人群一般选择100~1000人，当然，用户样本越多，所获得的反馈和信息就越准确。同时，当今网络工具的发展可以让设计师快速并低成本地接触到更多的人，例如网站、邮件和H5页面等。但是，一问一答的方式也会产生许多虚假不可用的信息，特别是在回答一些尴尬的问题，或者会误导用户反馈问题的时候。例如：你喜欢我们的概念吗？你想要什么样的新功能？这时候需要调整提问的方式，例如在访谈时，多用“为什么”而不是“怎么样”，或者在调研问卷中避免出现“不知道”和“也许”这样的词语。另一个产品系统Philips的城市蜂巢（图2-14），则较多地运用了观察法和跟踪拍摄的方式。这种方式一开始可能会让目标调研群体有些不适应，甚至会改变他们的行为习惯。因此，这个方法是长时间的，或者是隐秘的。但是，这一方法却很适用于没有成熟意识的群体，如儿童或者宠物等。很多情况下，跟踪拍摄的方式也适用于研究复杂的产品使用步骤，例如操作界面和驾驶体验等方面。还有的产品设计，需要设计融入目标群体之中，对他们的价值观和行为方式产生高度认同才能获得真正的设计信息，也才能真正地获得目标群体的认可。如图2-15，针对亚文化群体的Nike Flyknit Trainers产品设计调研需要深度融入。

设计调研能够帮助设计师跳出以自我为中心的设计观念局限，从个人思维换位到用户思维，逐步

图2-13 LAPKA个人环境监测设备的设计调研

图2-14 Philips城市蜂巢的设计调研

图2-15 Nike Flyknit Trainers产品设计调研

体谅、理解用户对具体产品的功能需求、价值评定、审美观念等。它是设计从业者应该具备的基本职业思维方式和行为方式之一，是设计师应该具有的能力和知识，更是设计过程必不可少的步骤之一。

（3）设计调研实训

设计调研环节采用最多的方法就是问卷调研，的确，这是设计活动中常用的调研方法。进行问卷调查时，关键的第一步是设计问卷。一般的调查问卷主要包含四个方面的内容：调查目的简要介绍、被调查者的相关背景或身份确认、分层次的核心问题、拓展性或开放性问题。在四个方面中，分层次的核心问题是调查问卷的主体，将本次设计课题中关注的主要方面设计成问题融入其中，一般采用选择或判断的方式回答问询。

访问调研也是设计调查常采用的调研方法，与问卷调研相比较，访问调研更具有直观性，调查会更深入。在进行访问调研之前，要拟好访谈大纲，同时还要制定可能出现问题的处理预案。图 2-16 是一组同学关于“健康厨房”设计课题的访谈记录。

在设计调查中，还经常会用到实地考察的调研方法，图 2-17 是一组同学在做关于“健康厨房”

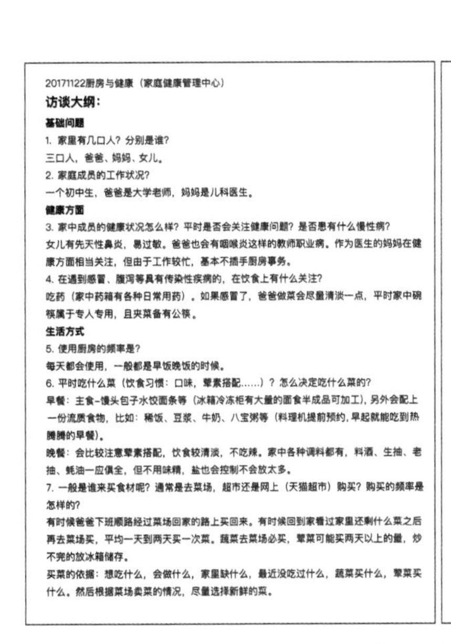
20171122厨房与健康（家庭健康管理中心）

访谈大纲：

基础问题

1. 家里有几口人？分别是谁？

三口人，爸爸、妈妈、女儿。

2. 家庭成员的工作状况？

一个初中生，爸爸是大学老师，妈妈是儿科医生。

健康方面

3. 家中成员的健康状况怎么样？平时是否会关注健康问题？是否患有什么慢性病？

女儿有先天性鼻炎，易过敏。爸爸也会有咽喉炎这样的教师职业病。作为医生的妈妈在健康方面相当关注，但由于工作较忙，基本不插手厨房事务。

4. 在遇到感冒、腹泻等具有传染性疾病的，在饮食上有什么关注？

吃药（家中药箱有各种日常用药）。如果感冒了，爸爸做菜会尽量清淡一点，平时家中碗筷属于专人专用，且夹菜备有公筷。

生活方式

5. 使用厨房的频率是？

每天都会使用，一般都是早饭晚饭的时候。

6. 平时吃什么菜（饮食习惯：口味，荤素搭配……）？怎么决定吃什么菜的？

早餐：主食–馒头包子水饺面条等（冰箱冷冻柜有大量的面食半成品可加工），另外会配上一份流质食物，比如：稀饭、豆浆、牛奶、八宝粥等（料理机提前预约，早起就能吃到热腾腾的早餐）。

晚餐：会比较注意荤素搭配，饮食较清淡，不吃辣。家中各种调料都有，料酒、生抽、老抽、蚝油一应俱全，但不用味精，盐也会控制不会放太多。

7. 一般是谁来买食材呢？通常是去菜场，超市还是网上（天猫超市）购买？购买的频率是怎样的？

有时候爸爸下班顺路经过菜场回家的路上买回来。有时候回到家看过家里还剩什么菜之后再去菜场买，平均一天到两天买一次菜。蔬菜去菜场必买，荤菜可能买两天以上的量，炒不完的放冰箱储存。

买菜的依据：想吃什么，会做什么，家里缺什么，最近没吃过什么，蔬菜买什么，荤菜买什么。然后根据菜场卖菜的情况，尽量选择新鲜的菜。

空间行为

8. 平时使用厨房的行动路径？（人物、路径、时间、行为等）

地点：水槽–煮饭台–洗菜水槽–切菜台–灶台–煮饭台–餐厅–水槽–灶台–餐厅

行为：淘米–煮饭–洗菜–切菜–炒菜–盛饭–吃饭–清理餐桌–洗碗–清理灶台

9. 平时做饭的时候会考虑健康营养搭配的问题吗？认为营养搭配是否有必要？会通过什么方式来确保营养搭配（经验/菜谱等）？从哪获知这些信息？

会注意荤素搭配，绿色蔬菜必须有，认为营养搭配很有必要。家人想吃的菜会在上一餐的餐桌上互相讨论，但不确定是否符合营养方案。一般是通过网上获取这些信息，或者跟同事朋友口口相传。

10. 不健康的烹饪习惯

由于不同菜的营养成分是不一样的，需要的调料量也是不固定的，每个菜的油盐调料依靠掌厨人的主观感受添加，不一定符合健康标准；

有时候炒菜火候不好控制导致油烟过重，做菜人的眼镜会被水汽影响视线，导致操作失误。

11. 不健康的饮食来源

市场的菜有农残或添加剂，不健康（实例：昨天买了一袋苹果，表面全是蜡，不可能简单在水龙头上冲洗就可以吃，必须削皮）；

有时候嘴巴闲不住，喜欢吃各种零食。

12.家里有什么必不可少的厨电吗？对于厨电使用有什么看法？

电饭煲，高压锅，烟灶，烧水壶，料理机，微波炉。很多厨电买回来之后只在刚拿到手的时候用一用，比如：烤箱，面包机，榨汁机等。后来买的料理机直接代替了榨汁机功能，此外，具有预约功能和可以智能控制温度时间的厨电比较受欢迎。

其他：

不是每餐每天都在自家厨房吃的（中饭：爸爸妈妈在单位食堂吃或偶尔与同事在外聚餐，宝宝学校会配餐。除去正餐时间之外，可能还会吃零食，吃水果等），在外吃东西的数据无法适时更新到数据库的话，智能菜单就无法真正给出符合身体健康的建议（提出质疑：万一我在外面吃了饭之后突然身体不舒服，什么都不想吃呢）

可以接受每天买菜，因为可以多走动，锻炼身体。而且可以和菜农、邻居多交流，了解市场和社会行情。自己挑选的菜，再难吃也要吃下去。

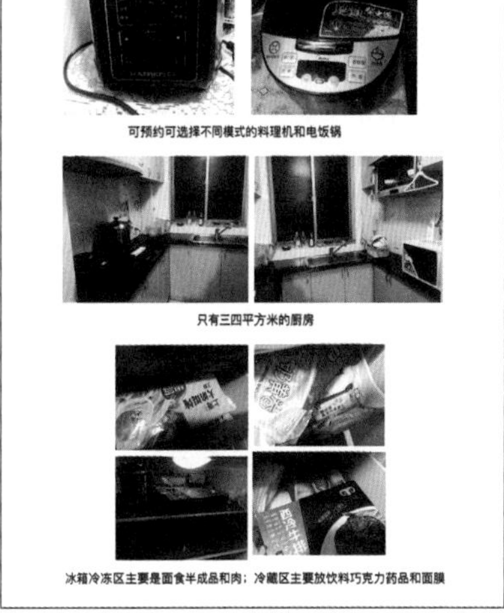

图 2-16 “健康厨房”课题组的访谈大纲与访谈记录（作者：叶晓辰、周一苇、赵蕙、张卉、陈姣）

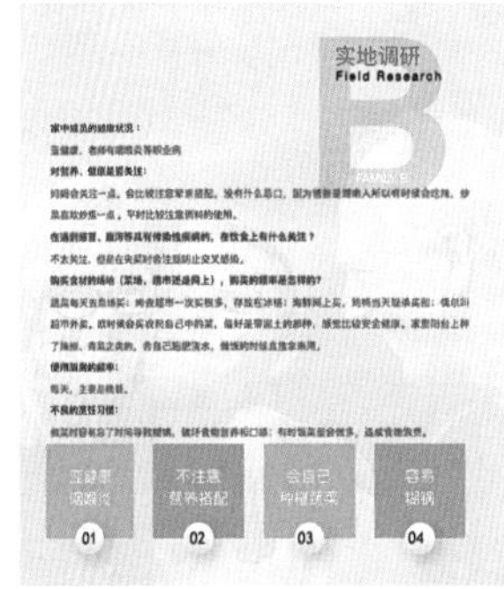

图 2-17 “健康厨房”课题组的实地调研考察资料比较（作者：叶晓辰、周一苇、赵蕙、张卉、陈姣）

设计课题的实地考察资料。实地考察的调研方法往往跟体验式调研相结合使用，调研所获得的资料和信息将更丰富、更生动。

图 2-17 （续）

2.2.2 产品系统目标设定

实训课题名称：产品系统目标设定——SET（PEST）分析

教学目的：通过对 SET（PEST）分析法的讲解与训练，学会 SET（PEST）分析法，理解复杂环境下各因素相互影响与作用的原理。培养在复杂环境下分析环境、发现问题以及发现产品缺口和机遇的能力。

作业要求：根据课题设计要求，搜集 SET（PEST）分析法中所有相关联因素，按照 SET（PEST）分析法的步骤要求，进行产品缺口和机会点的分析，以图示 + 文字的形式表现。

评价依据：1）对 SET（PEST）分析法中各因素的搜集是否全面，是否具有参考价值；

2）各影响因子之间的关系分析是否合理，SET（PEST）分析法的影响因素的关键词概括与总结是否突出重点；

3）最后的产品缺口和机会点的总结是否思路清晰，是否对后续设计方向具有指导意义。

（1）知识点

人类在按照自身的需求创造产品的时候，总会受到各种外部因素的引导与制约。这些因素主要包括社会因素、经济因素、科技因素、文化因素、生态环境因素等。每个因素对产品设计和产品的全生命周期的影响都是深刻的、多方面的，在此，只作点到为止的提及，详细的评价与分析在具体的设计实践过程中都可以作为单列的专题进行深入研究。通过对外部因素的分析，发现产品缺口或者产品机会点的分析方法有很多，目前常用的方法是 SET 分析法，也有的学者在 SET 分析法的基础上进行了拓展和变化，比如 PEST 分析方法就是在原来的 S（社会）、E（经济）、T（技术）的基础上，将 P（政策）也作为一个指标加以分析研究。还有的将环境、文化、宗教等其他因素也纳入其中，形成了更为复杂和系统的分析方法。其实，许多因素都是相互交错的，众多的因素只是因分类的不同而划分到一定的领域，作为具体的设计实践工作者，只要将这些因素都列出来，考虑进去，至于它属于哪个范畴可以暂时放下。

1）社会因素

人类个体通过各种关系构建的总和构成人类的社会。社会具有整合、交流、导向、继承与发展等社会功能。社会因素包括社会制度、社会群体、社会交往、道德规范、宗教信仰、国家法律、社会舆论、风俗习惯等构建社会的多方面因素。

在具体的产品系统设计中，众多的因素共同作用于产品系统所产生的影响是多维的、不可简单量化的。共性的社会因素研究主要侧重在构建社会的关系与社会生活形态的研究方面。比如：中国社会以

“家”为单元的构建形式对产品系统的影响与引导；新兴城镇化建设过程中社会服务和治理体系的变化；社会生活变化带来的“新物种”产品及其关联系统的探索与实践，等等（图2-18~图2-21）。

同时，社会又是在不断追求公平、正义、发展和幸福的过程中不断进步的，在这种进步过程中，必然会出现各种新的问题。面对社会出现的新问题，一种“为更好的关系而设计”的社会创新设计观念被提出来。米兰理工大学设计系教授埃佐·曼奇尼（Ezio Manzini）认为：“社会创新设计”不单单在于设计的过程，更在于这些方案本身蕴含的对各种资源（如车辆、车位等）的重新组合，对人与人关系的重新构建——如拼车过程中，司机与乘客之间的关系；共享同一车位时，不同车辆所有者与车位之间的关系，等等。这种关于关系的设计必将成为未来设计的重要方面。

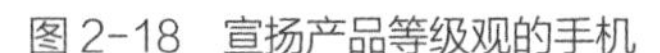

图2-18　宣扬产品等级观的手机

图2-19　因社会制度差异导致的左、右舵车的差异

图2-20　社会生活改变产生的“新物种”——快递柜

图2-21　中国居民社区健身、娱乐设施

2）经济因素

经济是人类社会的基础，是构建人类社会并维系人类社会的必要条件。经济可分为宏观经济和微观经济两个不同的维度。宏观经济是指整个国家的国民经济及其活动和运行状态，而微观经济一般是指市场经济。

在产品设计活动中，关于经济因素的作用主要从经济环境和产品本身的经济价值两方面体现。

经济环境是决定产品生存的“土壤”，它可以是整个社会的经济发展趋势和运行条件的充分度、经济政策的扶持力度、金融和货币的刺激度，也可以是由消费者的收入状况、支出状况、储蓄状况、信贷状况等构成的具体指标。经济环境在狭义上又常常被称为“市场环境”。产品只有在适合的经济环境下才能“生长”，同时，好的产品也会在微观上改善经济环境。例如：在经济环境相对紧缩的时候，高性价比的产品成为首选；在经济环境相对膨胀的时候，人们对产品综合品质的追求可能就会取代对价位的考虑。

产品本身的经济价值主要是指产品的价值率和利润率。在价值工程中，产品的价值率由产品的“功能”价值和实现“功能”的成本比构成。当功能固定时，可以通过控制或降低成本达到价值率的均衡；当成本固定时，可以通过创新实现功能的增值。影响产品利润率的因素相较于价值率来说更复杂，包括了产品全生命周期的所有环节。

在现代商业社会，产品设计必须基于消费需求，将市场视为推动产品设计与开发的动力，只有这样，产品才能有生存的“土壤”，企业才能在产品的设计、开发、生产、销售中循环发展。对消费需求的研究必须从现实市场环境入手、从消费者的消费欲望调研入手、从时代发展的消费趋势入手，既克服设计活在自我世界里的“闭门造车”现象，又要有对消费市场的敏锐洞察力，形成对消费市场的引领。

3）科技因素

人类社会的每一次进步都伴随着科学技术的进步。在现代社会，科学技术不仅开拓了人们认识世界的视野、解放生产力、促进经济的发展，而且改变了人们的生活方式、思维方式、行为方式、价值观，进而改变社会的道德伦理、法律法规体系。

图 2-22 是我国传统的火车与复兴号高铁的对比，纵横神州大地的高铁路网极大地便利了国人的快速出行，过去几十个小时的旅程现在仅用短短的几个小时就可以完成，距离变得“越来越短”的同时，人与人之间的情感也越来越近了吗？图 2-23 为不同时期的“手机”产品对比，我们可以看到科技的进步带来产品形态的变化，同时，我们也可以看到“手机”产品的功能也由原来的单纯通话功能向综合的信息交流、个人管理、休闲娱乐、工作学习、商业金融等功能转变，手机已经成为现代人生活中不可或缺的一部分。图 2-24 为无人超市与无人宾馆，科技正在改变人们的生活方式，也许在不久的将来，这些都将成为城市的常态。图 2-25 中的无人驾驶技术，全球多家机构都在开发，它的普及是否会带动更多的产业形态产生呢？未来，又有哪些职业或者产品将因此而消失？

科技进步带来的改变还表现在设计活动本身的改变。传统的设计活动依赖纸张、铅笔、手绘图纸、手工或半机械化制作验证模型等环节完成。随着科技成果在设计领域的应用和推广，现在，设计活动

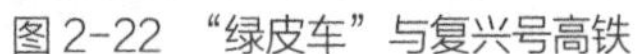

图 2-22 “绿皮车”与复兴号高铁

图 2-23 科技改变“手机”的形态与功能

图 2-24　无人超市和无人接待的智能宾馆

图 2-25　无人驾驶汽车即将普及

图 2-26　3D 打印设备已经渗透到各个领域

图 2-27　基于同一技术原理开发出的不同产品

的大多数环节都依托大数据、软件、手绘板、计算机、3D 打印设备等实现（图 2-26）。设计活动的效率得到大力提升的同时，设计结果的质量也得到了较大地提升。同时，设计活动的内容也由原来的“纸上活动”拓展至虚拟仿真、增强现实等领域，设计表现的同质化也导致对设计评价的改变。

在产品设计中，同一个科学原理的不同应用往往会诞生丰富多彩的产品形式，为人类塑造美好的生活方式。电流通过电阻丝会发热，是一个非常普通的物理现象，运用这一原理，最初发明设计了可以加热的电炉，其后，又根据人们的不同需求，相继开发了电水壶、电吹风、电饭煲、电热毯、家用浴室加热的浴霸……如图 2-27 所示。

产品设计，总是紧随科技发展的步伐，总是能将最新的科技成果与人们的生产生活方式紧密地结合起来，总是能将科技成果的效用最大化地发挥出来。同时，产品设计也只有不断地将新的科技成果在具体的设计中反映出来，才能更好地体现设计的价值。因此，对最新科技资讯的关注与了解、对未来科技发展趋势的敏锐洞察，是产品设计人员必须具备的专业素质之一。

4）文化因素

文化是一定群体的人类活动长期以来创造形成的内在精神的既有、传承、创造、发展和物质财富的总和。它涵括人类社会从过去到未来的历史，是基于自然基础上的所有活动内容，是所有物质表象与精神内在的整体。

具体的人类文化内容指一定社会群体的历史、地理、风土人情、传统习俗、工具、附属物、生活方式、宗教信仰、文学艺术、规范、律法、制度、思维方式、价值观念、审美情趣、精神图腾等。文化的分类不同角度也有所不同。对文化的结构解剖，有两分说，即分为物质文化和精神文化；有三层次说，即分为物质、制度、精神三层次；有四层次说，即分为物质、制度、风俗习惯、思想与价值；有六大子系统说，即物质、社会关系、精神、艺术、语言符号、风俗习惯等。

不同的文化对产品所形成的差异是明显的（图2-28）。文化对产品设计的影响作用主要体现在：

整合，文化的整合功能是指它对于协调群体成员的行动所发挥的作用。社会群体中不同的成员都是独特的行动者，他们基于自己的需要，根据对情景的判断和理解采取行动。文化是他们之间沟通的中介，如果他们能够共享文化，那么他们就能够有效地沟通，消除隔阂，促成合作。

导向，文化的导向功能是指文化可以为人们的行动提供方向和可供选择的方式。通过共享文化，行动者可以知道自己的何种行为在对方看来是适宜的、可以引起积极回应的，并倾向于选择有效的行动。

维持秩序，文化是人们以往共同生活经验的积累，是人们通过比较和选择认为是合理并被普遍接受的东西。某种文化的形成和确立，就意味着某种价值观和行为规范的被认可和被遵从，这也意味着某种秩序的形成。而且只要这种文化在起作用，那么由这种文化所确立的社会秩序就会被维持下去，这就是文化维持社会秩序的功能。

传续，从世代的角度看，如果文化能向新的世代流传，即下一代也认同，并共享上一代的文化，那么，文化就有了传续功能。

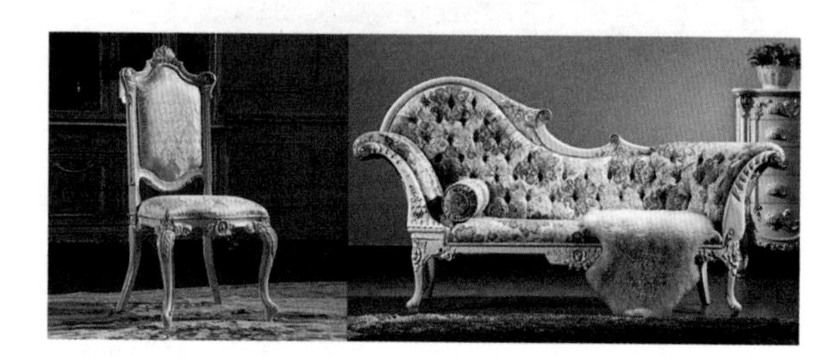

图2-28　不同文化背景的产品所形成的差异

5）生态环境因素

生态，是指生物之间以及生物与周围环境之间的相互联系、相互作用的关系。生态环境指影响人类生存与发展的水资源、土地资源、生物资源、气候资源的数量与质量的总称，是关系到社会和经济持续发展的复合生态系统。生态环境问题是指人类为其自身生存和发展，在利用和改造自然的过程中，对自然环境破坏和污染所产生的危害人类生存的各种负反馈效应。

至少在目前，人类社会的唯一家园就是地球，然而，绿色地球却在面临生态环境不断恶化的现状：

人类活动导致的二氧化碳、一氧化二氮、甲烷、氟利昂等高温室气体大量排向大气层，使全球气温持续升高形成的温室效应；阻止太阳紫外线照射到地球表面，有效地保护地面一切生物的正常生长的臭氧层的破坏；过度放牧、耕作、滥垦滥伐等导致的土地退化；大量排放的废气、废液、固体废物等，严重污染空气、河流、湖泊、海洋和陆地环境以及危害人类健康；被誉为“地球之肺”、“大自然的总调度室”的森林因发达国家广泛进口木材而导致发展中国家大量开荒、采伐、放牧而大幅度减少；可用水资源的枯竭；生物多样性的锐减……严峻的现实正在危害我们赖以生存的唯一家园。

将生态环境因素纳入产品设计系统综合考虑，是在确保可持续发展的前提下提高生活水平的具体体现。在产品设计及其商业活动中，应提倡适度消费，要减少一次性消费，要加强资源的重复利用，要把地球上的其他生命物种看作维系人类社会发展的基础和伙伴。为子孙后代的生存和发展留下青山绿水，留下丰富的、可供永续利用的生态环境资源。

6）SET 分析法（PEST 分析法）

SET 分析法是美国卡耐基梅隆设计学院教授 Jonathan Cagan 和 CraigM.Vogel 发明的一种设计分析工具，是基于 S（society）社会因素、E（economic）经济因素、T（technology）技术因素共同作用的产品外部环境设计分析方法（图 2-29）。

这是一个应用于设计模糊前期的系统设计分析工具，将决定产品的外部因素进行了概括，重点关注三个方面的因素。在此分析方法的基础上，也有将政策（policy）因素——政府干预的程度，作为另一个坐标单独提出来的 PEST 分析法。还有基于 PEST 分析的扩展变形形式，如 SLEPT 分析、STEEPLE 分析等分析方法，将人口、自然环境、法律、道德、地理等更多的因素纳入分析的范畴。所有的这些方法主要侧重于宏观的外部环境分析。在产品设计活动中，常用 SET 分析法发现产品缺口和产品机会点。

S（society）社会因素主要包括：妇女生育率、人口结构比例、性别比例、特殊利益集团数量、结婚率、离婚率、人口出生与死亡率、人口移进移出率、社会保障计划、人口预期寿命、人均收入、生活方式、平均可支配收入、对政府的信任度、对政府的态度、对工作的态度、购买习惯、对道德的关切、储蓄倾向、性别角色、投资倾向、种族平等状况、节育措施状况、平均教育状况、对退休的态度、对质量的态度、对闲暇的态度、对服务的态度、对外国人的态度、污染控制、对能源的节约、社会活动项目、社会责任、对职业的态度、对权威的态度、城市城镇和农村的人口变化、宗教信仰状况等。

E（economic）经济因素主要包括：宏观和微观两个方面的内容。宏观经济有国民收入、国民生产总值及其变化情况以及通过这些指标能够反映的国民经济发展水平和发展速度等方面的情况；微观经济环境主要指区域内的消费者的收入水平、消费偏好、储蓄情况、信贷状况、就业程度等因素。

T（technology）技术因素主要包括：

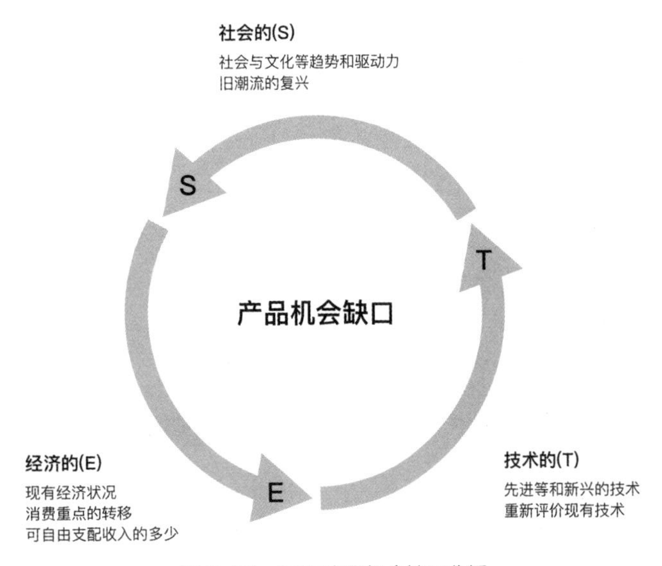

图 2-29　SET 产品机会缺口分析

国家对科技开发的投资和支持重点、该领域技术发展动态和研究开发费用总额、技术转移和技术商品化速度、专利及其保护情况等。

P（policy）政策因素主要包括：国家的社会制度，执政党的性质，政府的方针、政策、法令等。

SET 分析法（PEST 分析法）是系统思想的集中体现，也是外部因素作用于产品设计的系统分析方法。它能够有效地帮助设计师系统地分析问题，克服在设计前期受表面或局部问题的迷惑、缺乏深入地分析现象背后复杂因素和深层次原因的不足。但是，这不是一个定量的工具，它只能帮助设计师形成关于课题设计的方向或设计的原则——产品机会，如何把握机会还需要设计师在具体解决问题时对设计方案的一步步深入，同时，也需要设计师通过大量的设计实践，在不断的训练中积累经验。

（2）案例解析

在市场上成功的产品，必定是对产品目标市场的社会、经济、文化、科技实现、环境等因素深入分析研究的结果。如图 2-30 为曾经销量巨大的奇瑞 QQ 汽车和吉利熊猫汽车，这两款汽车如果仅仅从汽车的性能来说只是属于较初级产品，但是，价廉物美的小型汽车极符合当时中国社会对刚刚兴起的汽车产品的需求，其具有的国宝熊猫形态特征、中庸的造型与中国人的传统审美趋势相吻合，同时，小巧的车身符合目标消费群体的居住和使用条件的要求（停车方便、排量小、节省燃油）。其后这两款车的不断改型与个性化设计的加入，则是为了不断适应中国汽车市场快速发展的需要。而现在比亚迪等汽车产商推出的电动小型汽车，更好地契合了我国政府大力提倡的环保政策，也是受许多城市机动车控牌政策的影响所致。

图 2-30　符合当时市场需求的两款小型国产汽车

当前，科技不仅是实现产品功能的手段，而且也是商业竞争的核心力量，科技已经成为一种时尚。三星（图 2-31）和苹果（图 2-32）在 2019 年发布的折叠屏幕手机，是科技引领产品开发设计与消费趋势的最新例证，其售价高达 1 万多元的预期价格并没有阻挡住追求科技时尚的人们的热切关注。

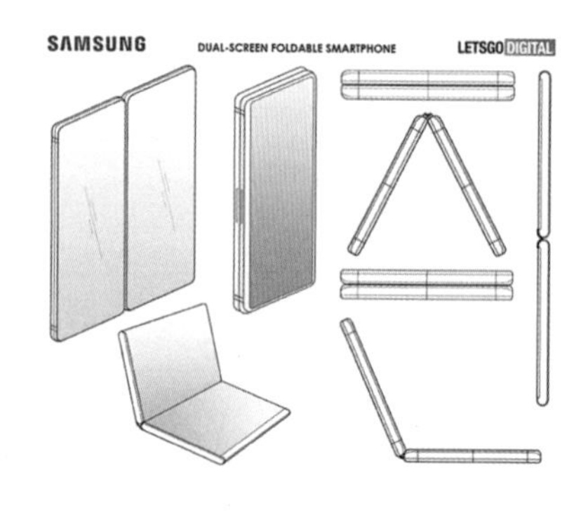

图 2-31　三星公司发布的折屏手机

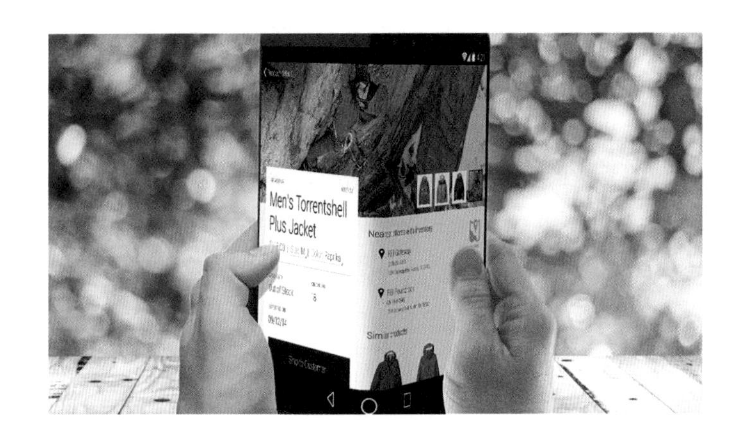

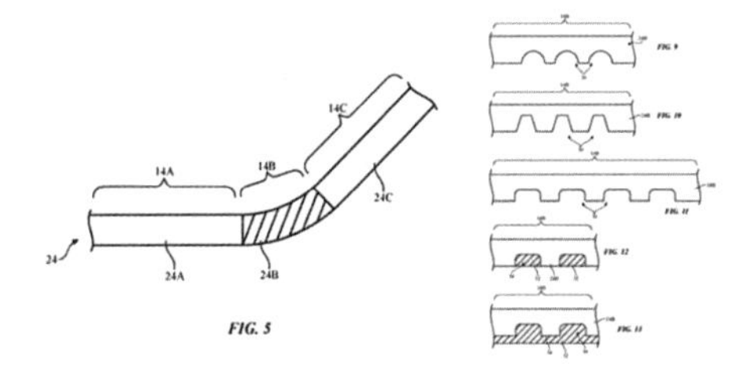

图2-32 苹果公司发布的折屏手机

（3）SET（PEST）分析实训

SET分析法是在前期调研的基础上通过分析各类因素，发现产品机会，准确定义问题，设定系统目标的工具。在进行SET分析时，应该展开充分的讨论，并对讨论的思路和建议进行分步、分类整理，各阶段获得的信息都应详细地录入。

SET分析基本步骤如下：

第一步，在前期调研的基础上，将发现的问题整理出来，对应列出跟S（society）社会因素、E（economic）经济因素、T（technology）技术因素等各类因素相关联的关键词。如图2-33所示是关于居家养老产品系统可能关联的一些关键词（存在哪些问题，有哪些可能）。

S（社会）	E（经济）	T（科技）
养老模式	体验经济软消费	穿戴式设备
积极面对老龄化	养老地产开发	物联网、智联网
独居老人受关注	银发经济	云计算、大数据
亲情沟通	退休金	人脸识别
子女外出工作	服务费	情绪交互
……	……	……

图2-33 以关键词形式分类列出相关联的方面

第二步，通过整理，定义问题。一般情况下会将系统做出一定的描述，描述可以是文字形式的、图片的组合，也可以是一种概念性的阐述草图，或者是三种方式的结合。如图2-34所示是关于cooking together主题的定义描述（什么是本质问题）。

第三步，针对定义的问题实质，调查研究现有解决上述此类问题的产品系统存在的不足，设定新产品系统目标。即在原有的问题解决系统上的创新设计目标（解决哪些问题）。

第四步，围绕需要解决的实质性问题，进行可能涉及的相关技术的可行性考察与论证（解决问题是否可能）。既要关注成熟技术，更需要对前沿的、新兴的技术进行了解与研究。

在具体的设计实践过程中，SET分析是一个由“模糊”概念向具体设计方向逐步清晰的过程，

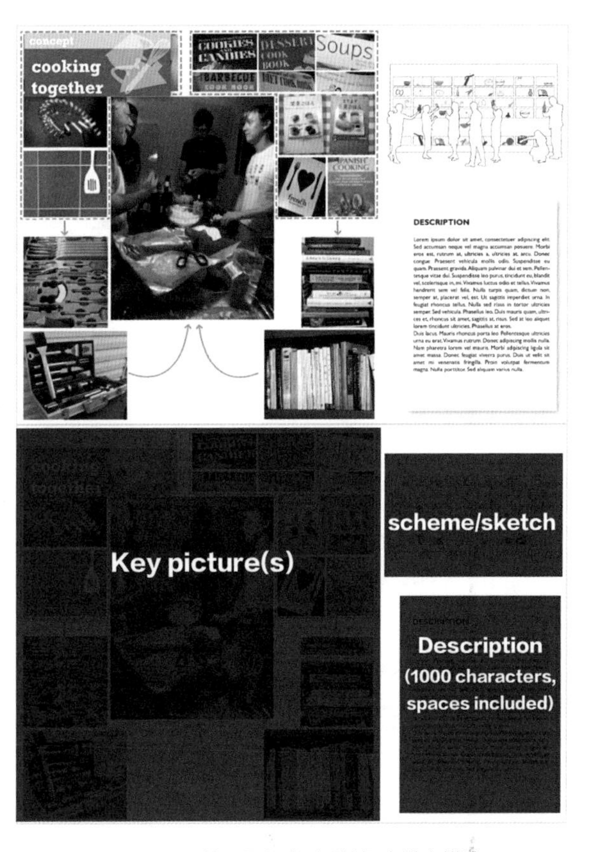

图2-34 以不同方式对系统概念做出描述

“模糊”期往往是“混沌”的，它可能是一些散乱的点的混合，也可能是对一个问题的直觉，很多时候在分析过程中还可能会遇到有些“只可意会，不能言传”的环节，出现这类情况都是正常的，这时候应该不要急于去简单地处理，可以先放一放，也可以先将未来产品系统可能涉及的所有方面都列出来，最好是以图片的形式表达。然后，通过讨论和系统的综合分析先提出一些具体的要求，再将所有的要求进行归类，将可以逐步理清思路，明晰本质。

同时，在进行 SET 分析时还应该时刻提醒自己：进行 SET 分析是一种系统分析工具的运用，其目的是为了设定系统设计目标，并非“为分析而分析”。

图 2-35～图 2-39 是一个关于充电桩的 SET 分析案例，包括预期（背景）分析、市场分析、产品机会、产品研究、人机工程学分析等方面。图 2-40 的系列图片是几组学生进行 SET 分析后的产品机会和概念阐述的课程作业。

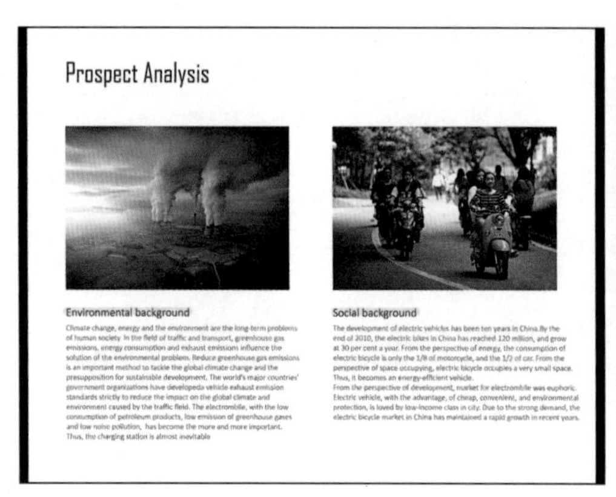

图 2-35　预期分析（作者：Tongwen Ding）

Market Analysis

Society

"SET" Factors

Economy

Technology

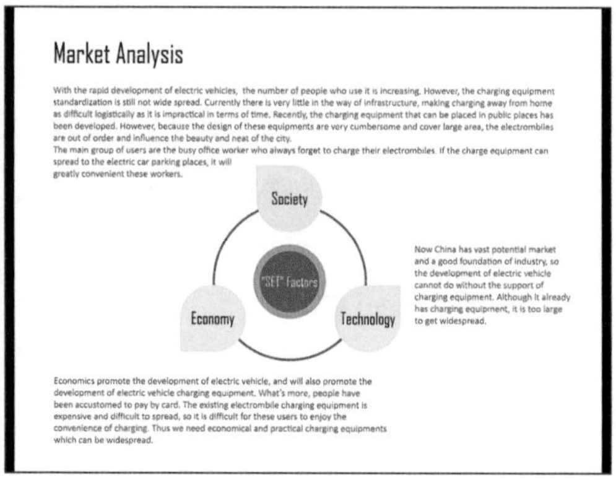

图 2-36　市场分析（作者：Tongwen Ding）

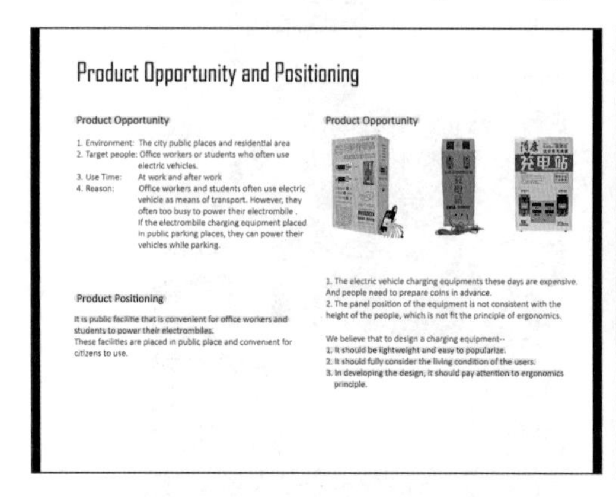

图 2-37　产品机会（作者：Tongwen Ding）

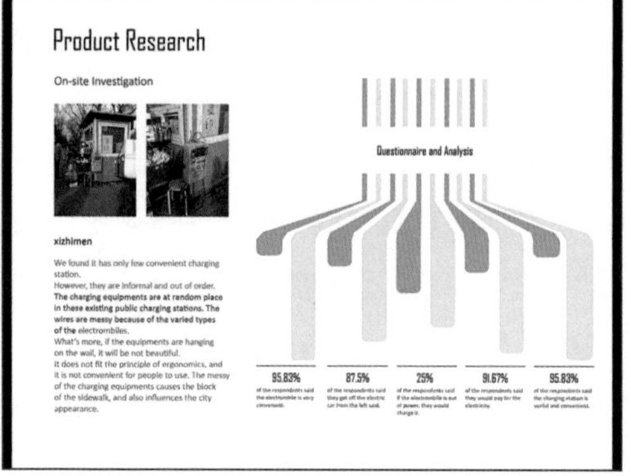

图 2-38　产品研究（作者：Tongwen Ding）

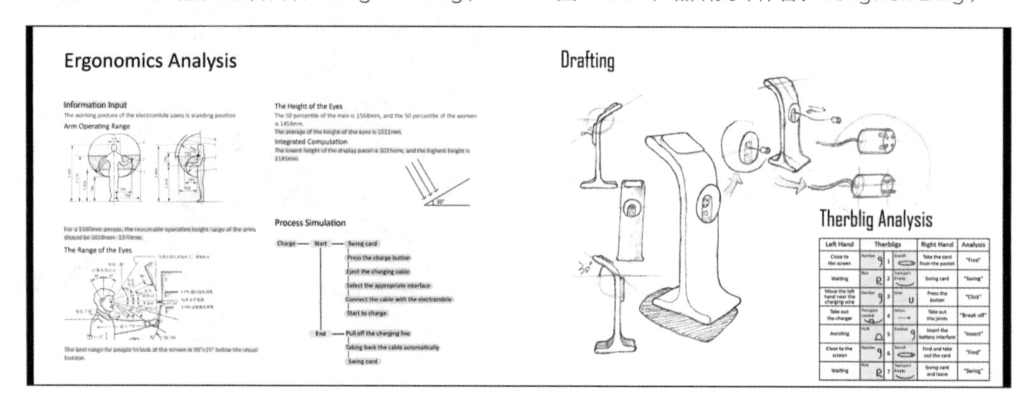

图 2-39　人机工程分析（作者：Tongwen Ding）

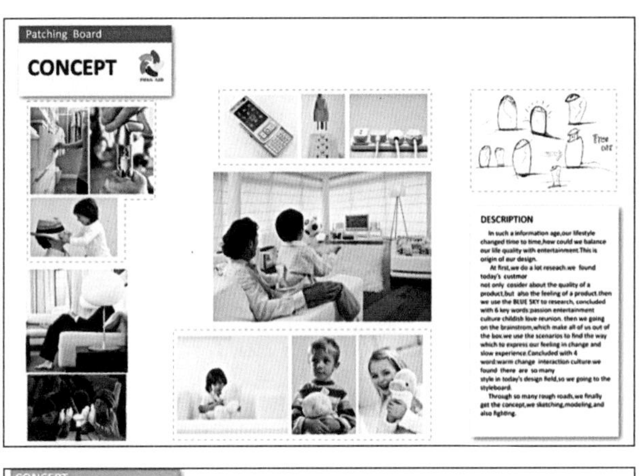

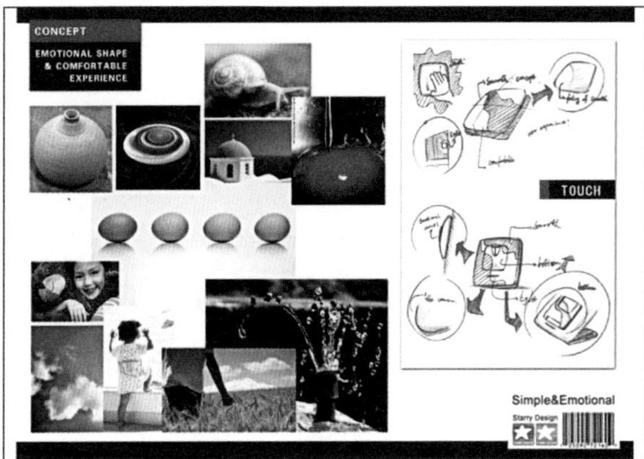

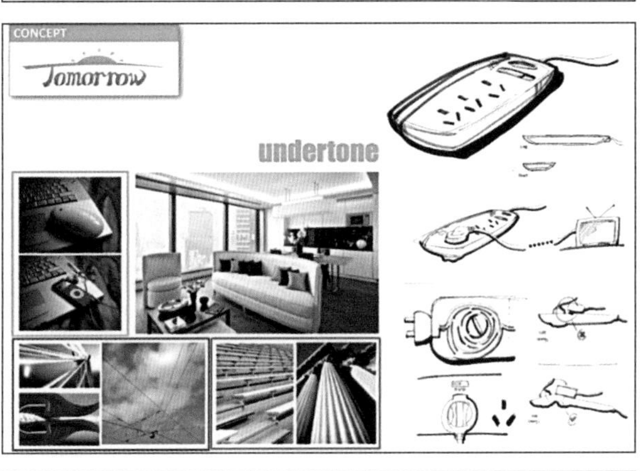

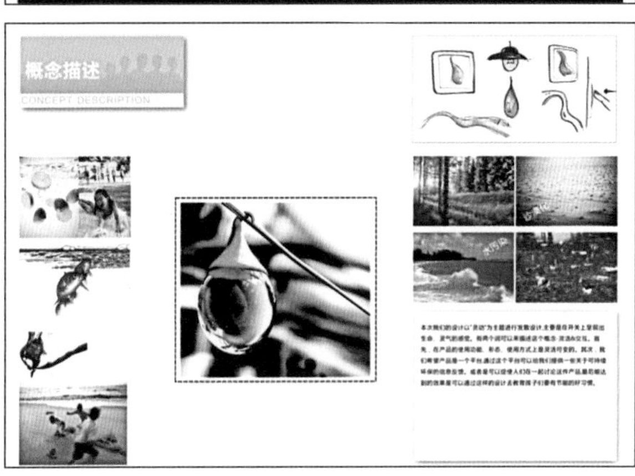

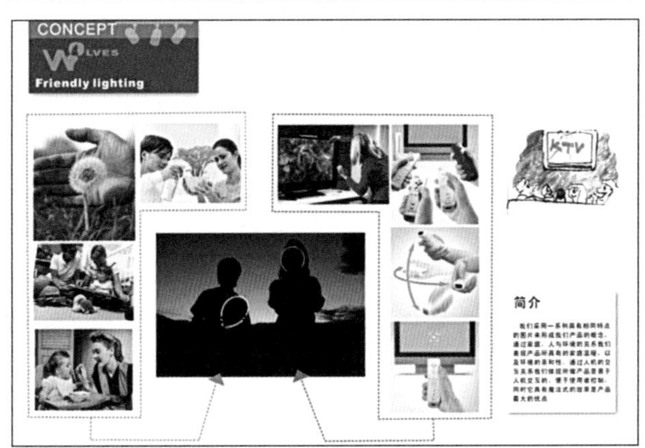

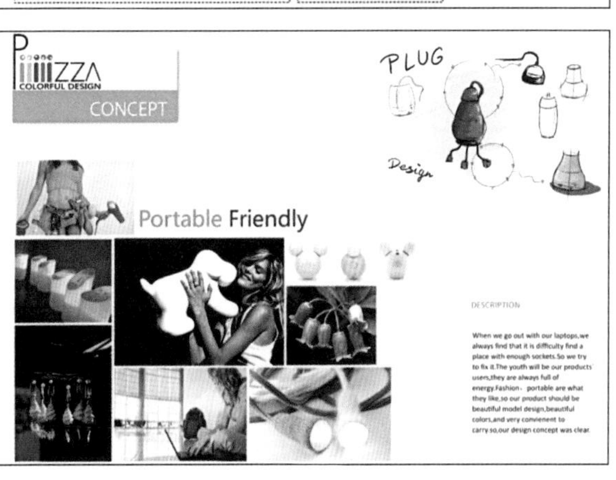

图 2-40 学生进行 SET 分析后的概念阐述作业（作者：褚志华、陈文彬、王贤凯、徐周音、盛龙剑、徐源泉、陈俊、刘文伟、何海英、刘志恒、倪仰冰、钱春源、王椒、李爽、江海波、管敏涵、胡玲玲、柯晨、陈鼎业、王莹等杭州电子科技大学工业设计专业学生）

2.3 产品系统的要素分析

系统分析是以系统的整体最优为目标，对系统的各个方面进行定性和定量分析。它是一个有目的、有步骤的探索和分析过程，为决策者提供直接判断和决定最优系统方案所需的信息和资料，从而成为系统工程的一个重要程序和核心组成部分。

系统分析的原则有：紧密围绕建立系统的最终目的，对系统的各种方案进行分析并做出选择，切忌背离之而盲目追求先进技术或限制必要的投资；从系统整体的全局观念出发，寻求总体的最优；系统分析一方面需要采用科学的分析技术和工具进行定量分析，另一方面还要利用分析者和决策者的直观判断和丰富经验。两者交替进行，相互融合，最终达到优选的目的；在众多系统分析问题中，务必注意找出主要矛盾，并设法寻得解决主要矛盾的方法及途径。

产品系统设计是系统科学的理论与研究成果在产品设计领域的具体体现、系统论方法在产品设计活动中的具体应用、系统认知论在产品设计思维中的具体影响、系统演化论在产品设计认识中的具体拓展、系统控制论在产品设计方向选择与决策中的具体理论依据。随着产品设计的工作内容和工作方式的多元化、复杂化，设计实践也由原来单纯的感性行为转化成理性的、复杂的科学分析与研究。

2.3.1 产品系统功能分析

实训课题名称：产品系统功能分析

教学目的：通过对产品功能的分析，了解现有情况下解决问题的定义可能存在的差异、解决方式存在的不足；学会在系统目标指引下的新功能定义方法，以及功能的分解与组织、功能的拓展与选择等能力；理解功能定义、组织、拓展、选择过程中与系统目标设定之间的关系。

作业要求：在设计课题的系统目标指引下，准确地定义设计课题所需要的新功能，并对新功能进行整理和评价，最后形成“图示＋文字”的功能关系系统图，为后续的设计做准备。

评价依据：1）针对系统目标的产品功能定义是否准确；

2）新定义的功能的整理是否科学、重点突出，上位功能是否是下位功能的必然结果，下位功能是否足以支撑上位功能的实现；

3）功能分析过程的逻辑性，以及表达的清晰性也是评价指标。

（1）知识点

在产品系统中，功能是指产品系统所发挥的作用。产品系统满足使用者需求的任何一种属性都是功能的范畴，并不单指使用功能。功能是实现产品价值的手段，也是产品系统设计的核心。在产品设计中，关于功能的研究主要是功能分析，它又包括功能定义、功能整理、功能评价等环节。

功能定义环节。功能定义是从对产品或系统的物质结构研究，转化为对其功能系统研究的开始。功能定义最基本的目的是将系统设定的目标以功能表述的形式准确地表达出来，回答“是什么”和“有什么用”。同时，功能定义环节也可以在产品或系统总功能定义的前提下，把产品或系统各构成要素的功能也作出定义，这样，为下一步的功能整理提供依据。

在功能定义环节应注意以下几点：

1）产品或系统的功能定义尽量用一个动词和一个名词表达；

2）在功能定义中，动词要尽量用抽象的词汇，名词要尽量用可测定的词汇；

3）要尽量做到全面、系统、明确，特别是在产品功能比较复杂的时候，复合的功能要进行分别定义。

如图 2-41 所示，是关于暖水瓶的功能定义示例。

暖水瓶功能定义示例

产品及零部件名称	功能定义
暖水瓶	保持水温
瓶胆	储存热水、减少热损失
瓶外壳	支持瓶胆、保护瓶胆、固定瓶胆、增加美观
瓶外盖	保持清洁、增加美观
把手	提起水瓶、增加美观

图 2-41　产品功能定义示例

功能定义的目的是使产品设计者本着从功能出发的目的加强对设计课题的理解。在功能定义中，要从整体到局部，以“解剖麻雀”的精神对设计对象及其各构成要素的功能进行分解、分级定义。同时，功能定义会随着产品的细分而细化，同一类型的产品因功能需求的个性差异则应在定义环节加入更明确的描述词。比如，家用的和野外用的暖水瓶在功能之间就会有所区别，野外用暖水瓶外壳的功能定义可以更明确为“抵抗压力、方便放置、保护瓶胆、支持瓶胆、固定瓶胆、适合野外环境、增加美观”。

功能整理环节。所谓功能整理，就是对定义出的产品及其零部件的功能，从系统的思想出发，明确功能之间的逻辑关系，排列出功能系统图。功能整理的目的在于通过定性分析，明确上位功能与下位功能之间的结构关系，确定分级功能在系统整体功能中的权重。

功能整理环节从功能分类开始。功能分类的方法可以从不同的角度开展，不同角度的分类是理解功能的不同维度。

产品的功能按其重要程度可分为：基本功能和辅助功能；根据用户的要求可分为：必要功能和不必要功能；按其满足需要的性质可分为：使用功能和美学功能；按其功能整理的顺序可分为：上位功能和下位功能。

功能整理的方法一般从产品的最终目的（设定的目标）开始。上位功能是下位功能的目的，下位功能是实现上位功能的手段。

功能整理环节通过功能系统图梳理出产品系统各层级之间的关系：功能并列关系、上下位隶属关系、网络交错关系。图 2-42 是暖水瓶的基本功能整理示例。同时，通过功能整理也检验上位功能和下位功能之间是否具有必然关系；下位功能的集合是否足以支撑上位功能的有效实现。产品功能整理梳理出的功能

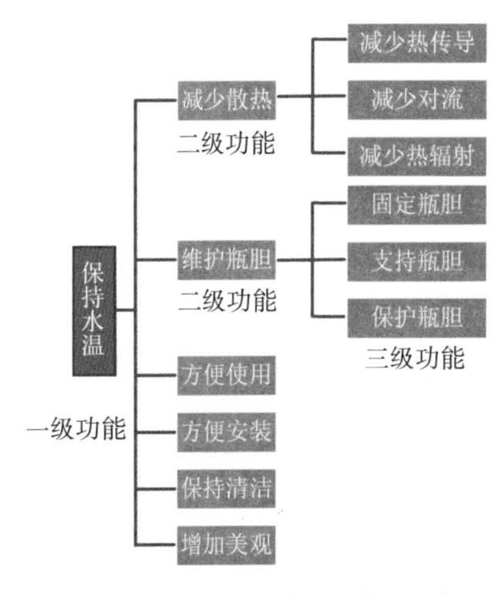

图 2-42　产品功能整理系统图示意

关系图为产品的功能优化和可能的创新提出了可能。

功能评价环节。所谓功能评价就是对功能领域的有效性和价值之间的关系进行定量评价，从中选择价值低的功能领域作为改善对象，以期通过方案创造，改进功能的实现方法从而提高其价值。在价值工程领域通过功能价值系数 V 的计算来进行评估。功能价值系数的计算公式为：

$V=f/c$，

其中，V 代表功能价值系数，f 代表功能重要性系数（或称功能系数），c 代表实现功能的成本系数。

需要说明的是，功能价值系数并不是越大越好，而应该是越接近 1 越合理。当 V=1 时，说明零部件功能与成本相当，是合适的。如果 V 偏离 1 较远，则说明功能与成本不相当，需要加以分析研究和改进。

（2）案例解析

功能分析的目的是为了实现产品功能规划、功能设计与创新。功能分析首先是功能定义，在设计实践中，功能定义环节的出发点一般又可分为两种类型：基于产品需求的功能定义，这种类型主要应用于产品市场的细分；基于需求产品的功能定义，这种类型会用于不同产品与功能实现方式的选择。

面对多样化的用户和多层次的需求，基于产品需求的功能定义和功能整理可以帮助设计者更准确地把握多样、多层次需求下产品的功能实质，使产品更符合消费群体的多样选择。例如：自行车的核心功能是“骑行”，在现有技术语境下就构成了自行车现在的基本部件（车轮、脚踏、传动机构、车叉、车座等）和组织结构形式。如果二级功能定义发生变化，则会细分出不同的产品。图 2-43 为四种自行车：以游乐骑行为主的儿童自行车，追求骑行速度的公路赛用自行车，适宜在崎岖的路上骑行的山地自行车，为了将骑行者便捷地送达目的地的普通自行车。二级功能中产生一些变化，自行车的构成要素和结构属性也就相应地产生了变化。儿童车加了辅助平衡轮，公路赛用自行车改变坐垫高度的同时操控结构也发生了变化，山地车的车胎和变速装置进行了特殊设计，普通自行车则将上下的便捷和舒适作为主要设计点。

图 2-43　功能定义具有差异的自行车

基于需求产品的功能定义和功能整理则会单纯地以目标功能为出发点，选择或设计开发最适合功能实现要求的产品。例如，同样是从校门口至一公里外的商业中心，不同的目的选择的交通方式和要求的功能就会不同：要求快速到达的同学可能会选择网络叫车，想要锻炼一下身体的同学可能会骑共享单车，玩酷的同学也许会选择滑板或旱冰鞋，刚开始谈恋爱的两位同学有可能会选择散步……所有的这些可能和选择对产品的目标功能分析提出了不同的要求，不同的人群对目标的指向存在差异的同时，也产生了选择不同的产品的可能。新的目标需求需要新的解决方案，新产品的产生就酝酿在这些不同的选择中。

随着科技发展带来的人们生活形态的变化，人类对各种新体验的追求也在不断加强，各种新功能的产品需求会被提出来，设计师需要适时地把握这种时代发展的脉搏，适时地开发出满足新需求的新产品。而功能分析能够较好地把握这种发展的规律和趋势，开发出越来越丰富、更好地适应未来生活方式的产品。

例如，基于自行车这种产品形式，通过功能分析环节的拓展功能分析，发现新的需求和产品的新功能，可以发展出结合互联网技术的“共享单车”，可以发展出适合水面“骑行”的“水上单车”（图 2-44），可以发展出多人共同骑行的旅游观光自行车等。这种功能定义的拓展，是通过功能整理环节的上位功能对下位功能的要求变化来实现的，可以促进产品的不断“进化”，而这种产品的“进化”就是一种能更好地应用现代科技、符合现代生活形态变化、满足人类新体验追求的“新物种”的诞生。

图 2-44　水上自行车

（3）系统功能分析实训

图 2-45 的系列图文是一组同学在产品系统设计课程中针对“保温箱”产品的功能分析作业示例，图 2-46 是现有保温箱示例。因为是基于产品需求的功能分析，所以，分析的目的性比较明确，功能关系也相对单纯，在其后的拓展功能和辅助功能的分析也基本符合目标定位群体的需求，同时具有当前社会、经济、技术条件下的生活形态特征。从整个过程来看，符合本环节实训教学的要求，达到了本环节实训的教学目的。

在具体的教学过程中，面临的设计课题可能是一种全新的产品设计或者全新的系统开发，这种时候，功能分析就可能会比较抽象，往往会感觉漫无头绪或者会变成各种现有产品系统功能的简单罗列。可以尝试以下训练：

1）功能定义环节要找准深层次的需求，秉持内心的潜在愿望将需求的本质清晰明确地表达出来。曾经有一个关于“你心中的未来城市公共交通系统设计”的概念性课题，在功能定义环节的描述中，同学们集成了很多现有功能的改进：随时获取公交车的位置、距离、预计到达时间、车上座位情况、车站的各类服务功能、车费支付系统……但是，这真的是你心中未来的城市公共交通系统吗？这些都仅仅是现在城市公共交通系统的一些改进而已。后来，一位同学在思考了很久后说出了“我希望公交车就像我的车一样！”的愿望。想一想共享单车最吸引你的原因是什么吧。

2）新功能定义下的各功能之间的组织关系分析要充分发挥创新思维。整体功能的创新是通过各部分功能及其组织关系的创新呈现的，尝试改变一部分的功能或者某些功能之间的关系，意想不到的效果也许马上就会出现。

3）多方借鉴解决类似问题的方法，组织新产品的功能系统。大自然或人造物的历史过程中有许多值得借鉴的智慧，也会是我们进行功能规划与创新的源泉。

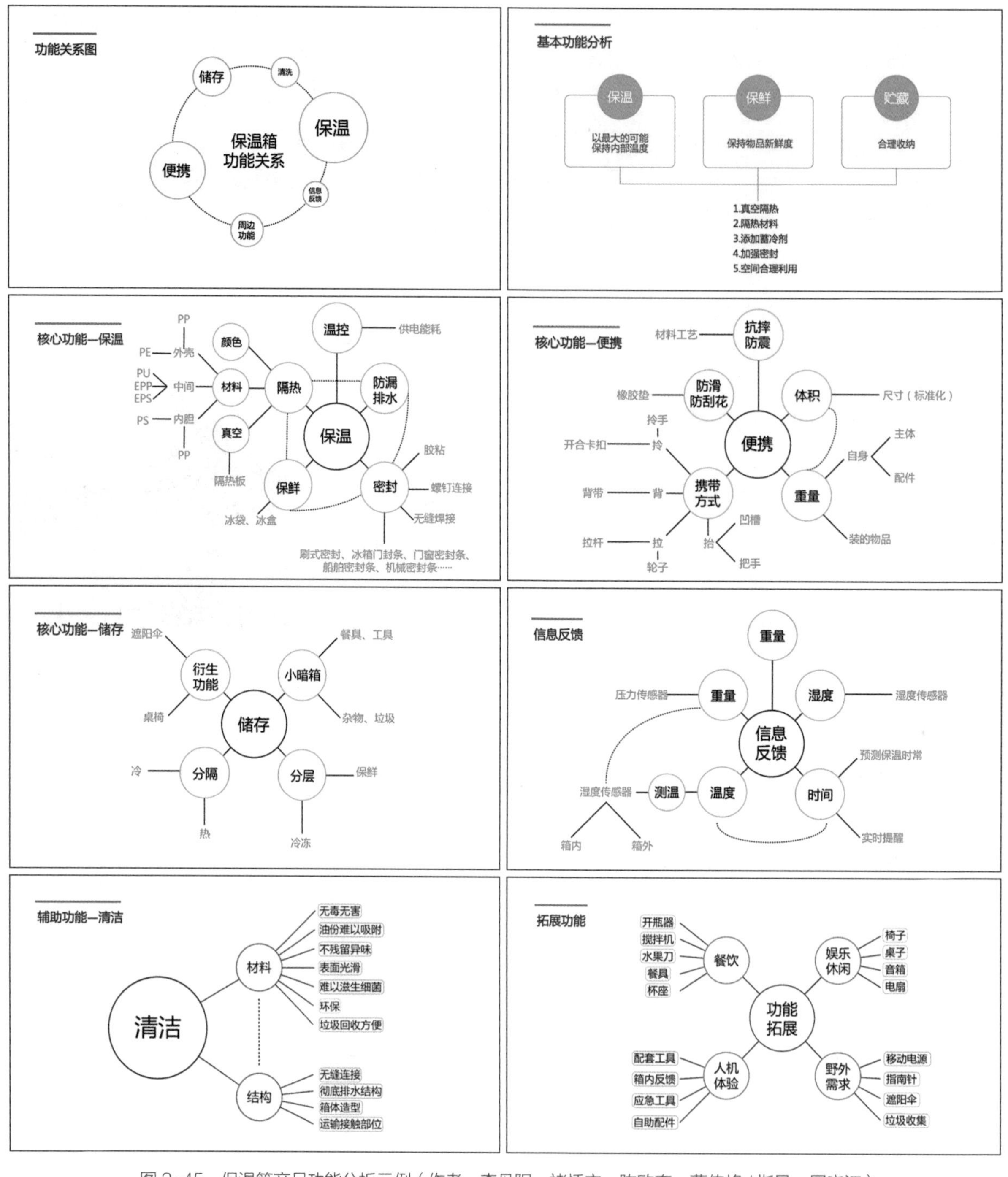

图2-45 保温箱产品功能分析示例（作者：李丹阳、褚恬宁、陈欧奔、薛伟峰/指导：周晓江）

图2-46 现有保温箱产品功能示例

2.3.2 产品系统 CMF 设计分析

实训课题名称：产品系统 CMF 设计分析

教学目的：通过对设计课题涉及的色彩、材质、表面处理的分析，培养对产品感觉效果设计的分析能力，理解产品的感觉效果设计跟产品的定位、功能、使用方式、文化背景、时尚趋势等方面的关系，学会系统的 CMF 设计分析方法，进一步理解产品系统设计的概念。

作业要求：根据已选择的课题，进行产品 CMF 设计分析，同时要求除了传统意义上的色彩、材质、表面处理以外，可以将产品设计的形态、界面等其他因素也纳入分析领域。制作 PPT 汇报文件，并形成 CMF 分析报告。

评价依据：1）CMF 设计分析的内容是否涵盖产品的主要部分，是否能够进行系统全面的分析并得出分析结论；

2）CMF 设计分析是否符合产品定位、消费（用户）特征、使用要求、文化背景等，所列出的依据是否合理，可行性如何；

3）图示与文字表达是否清晰、是否具有系统性。

（1）知识点

产品的外观传达产品信息，通常人们对产品感知的第一手信息就是产品的视觉形象。因此，产品外观已成为吸引消费者关注并正确传达产品信息的重要属性。产品的外观跟形态、材料、色彩、表面处理、人机交互界面等因素有关。关于产品外观的设计与分析，国际上目前比较流行的是 CMF 设计分析。

1）关于 CMF 设计分析

CMF 设计分析法是关于产品的 C（color 色彩）、M（material 材料）、F（finishing 表面处理）的分析。一开始，CMF 并非这样称呼，是因为大家觉得要提升产品给人有品位、品质的感觉，首先应该从色彩入手，而色彩效果的实现需要落实到材料上，材料又涉及加工工艺，渐渐的 CMF 概念就诞生了。在 CMF 设计分析法中，坚持在消费趋势研究、SET（PEST）分析的前提下，将产品视觉效果可能涉及的因素进行比较、分析、总结，最后形成具体的设计指导原则，并在设计的各个流程中贯穿分析结论的落实，实施 CMF 战略。具体的工作与实施流程如图 2-47 所示。

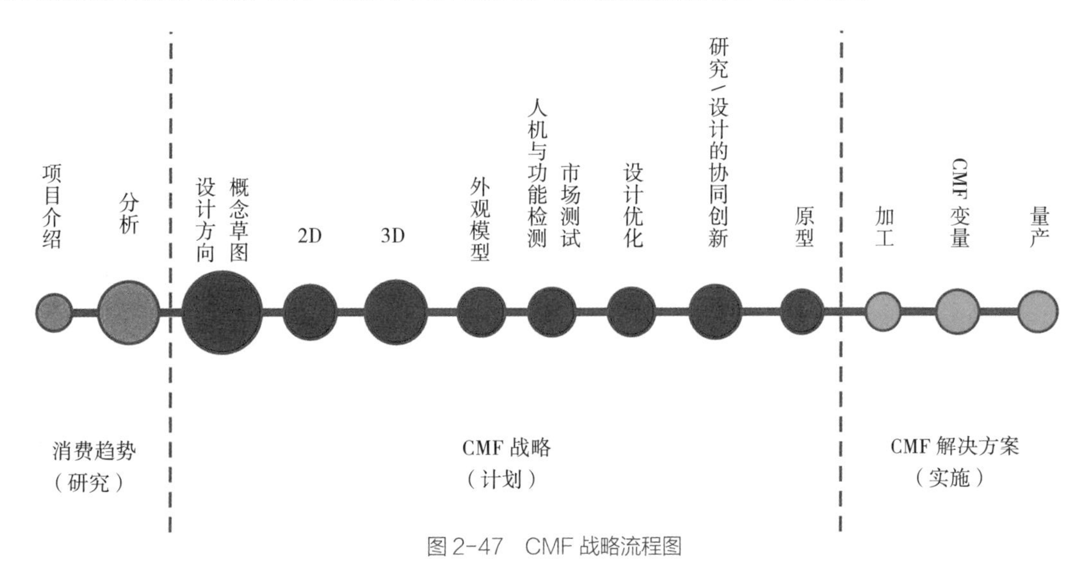

图 2-47 CMF 战略流程图

CMF 工作分为前端趋势分析与设计、后端工艺设计与实施两部分，前端是设计师重点工作的领域、后端是产品工程师重点工作的范畴。在工业设计专业领域，主要关注前端的趋势分析与设计，但是，后端的工艺也需要有一定的了解，便于设计方案的最后落地实施。

在企业或设计机构中，担任 CMF 岗位的一般是经验丰富的设计师，他需要具备以下素质并完成以下主要工作内容：

①负责收集新材料、新工艺及色彩方面的资讯，研究用户群体的需求趋势，研究新材料、新工艺和色彩的发展及流行趋势。

②以创新设计的视角，满足、发掘细分用户的显性和潜在需求，提供创新的产品色彩定义及产品图案设计；完成设计方案的材料、工艺、色彩规划，协助工程师完成设计方案细化到手板制作及产品工程化。

③配合采购部门规划并执行对新材料及新工艺的考察，执行 CMF 导入计划。

④对常用材料的各种生产加工工艺细节有较深入的了解，能够敏锐察觉常见问题点并能制定切实有效的解决方案。

⑤熟悉项目流程，能够配合工程师执行生产过程中产品的颜色、材料、工艺的动态调整，能根据要求实现定期优化。

工业设计师在 CMF 设计分析时总会从多角度入手，尽最大可能地获得相关的、可参考的资讯，工作中比较常用的分析研究方法包括：

①对所在行业发展历史、现状的调研分析。尽管从宏观的角度来看，所有行业的设计必定打上时代的烙印，发展的大趋势具有历史共性，但是，在微观上，每个行业还是具有每个行业独特的发展轨迹。对行业发展历史的研究可以发现该行业发展和演变规律，可以更好地从时间的坐标定位设计；另一方面，行业现状是我们的设计当前的生存环境，对现状的调研分析就是对设计生存环境的研究，只有研究透了现状，才能有针对性地制定适应、改变、颠覆现状的措施。

②对跨界产品的分析与研究。每一个事物都不可能是独立的存在，当进行产品的 CMF 设计分析时，相关联的跨界产品往往就是我们定位当前产品的参考。通过对目标群体生活中其他使用产品的分析与研究，能够更准确地把握目标群体的价值诉求，更精准地定位设计对象。

③对权威机构发布信息的分析研究。在专业领域，总有从事专业研究的权威机构，这些机构发布的信息是经过大量的基础研究和专业评估后得出的结果，具有权威的指示性。比如国际流行色协会每年都会发布下一年度或季度的流行色趋势，这些趋势就具有很强的色彩设计导向，也会极大地影响用户和消费者的认知。

④进行消费者测评。这是设计的实证研究最主要手段，通过目标群体的实验测评，可以获得最直接的、生动的信息数据。

⑤专家深度访谈。这是技术预见理论常用方法的一种，又称德尔菲法，是一种定性分析的有效方法。以专家经验和专业知识为基础的预测有时可能会受到主观看法、专家学识、评价尺度、生理状态以及兴趣程度等方面因素的制约，因此，往往会结合其他方法一起使用。

⑥建立 CMF 设计实验室。这是一种科学的量化研究的方法，在进行 CMF 设计分析之前，通过系统化的实验项目设计，获得客观的实验数据，科学推断 CMF 设计分析结果。建立 CMF 实验室方法一般只有大型的、专业的机构才具备条件。

2）产品的形态

形态是指事物在一定条件下存在的状态，尽管形态不是狭义的 CMF 设计分析的领域，但是，产品的形态是在 CMF 设计分析环节之前必须要确定的前提。形态不仅仅指静态的形式，还应该包含一种动态的演化。产品形态从结构上来说具有支撑、保护、固定等功能，从视觉上来说具备语义传达、文化诠释、审美等功能，从使用上来说具有人机交互、使用状态与行为规划等功能，从生产和物流上来说还牵涉材料、成本、设备、工艺与技术、存储与运输空间等。因此，产品的形态有：

①结构形态，是由产品的结构需要所形成的形态，这类形态往往发生变化的可能性较小，具有相对的稳定性。比如，自行车的三角架。

②功能形态，是因产品要实现某种功能而必须具备的形态。比如，杯子作为容器就必须具有一定的容积。

③技术形态，是因技术要求而形成的产品形态，包括产品本身要实现功能的技术、生产该产品的工艺技术两方面。

④材料形态，是因材料特性、生产工艺要求等形成的形态。比如，木材制作的产品以直线造型为主，而塑料却能够生产出更加丰富多彩的产品形态。

⑤人机形态，是因产品在使用过程中与人的交互所要求的形态。比如，椅子因要适合人坐，所以承载面的形态一般与人的臀部具有对应关系；手动工具的操作部分也必须考虑到人手在使用时的手部形态特征。

⑥语义形态，是为了传达设计者希望向使用者信息所构建的形态。比如，一个操作钮，旋转钮与按压钮在形态上就会存在差异，使用者一看操作钮的形态就知道该如何操作。

⑦文化形态，是一定的文化背景下带有文化特征的特有形态。比如，中国的筷子与西方的刀叉都是餐具，但是，其形态却差异很大。图 2-48 是一种典型的受东方文化影响下的、多种造型手法综合应用的厨台设计作品。

⑧审美形态，是因审美要求而产生的产品形态。这种形态常常是产品设计师花较多精力去加以研究的形态，它也关系到产品的品位、形象、价值等方面。

同时，产品的形态还有行为方式和心理状态的引导、限制功能。如图 2-49 所示的三种杯子，由于杯子形态的不同，就会限制或引导使用者在使用杯子时的行为方式、心理状态产生差异。使用纸杯时，使用者一般会用手掌加手指整体握住杯身；使用搪瓷缸时，一般会用手握住杯把；使用咖啡杯时，消费者必定会用拇指加食指和中指“拈起”。

传统的工业设计常被狭义地理解为外观设计或者造型设计。产品设计的造型手法主要有：分割法，将产品整体形态分割成有机联系的若干部分；组合法，与分割法相对应，若干个独立形通过一定的形式组合成一个整体；叠加法，在一个形体上叠加上另一个形体；切削法，在一个原型上切削掉一部分，留下有用的形态。其他还有拉伸法、扭曲法、挤压法等。

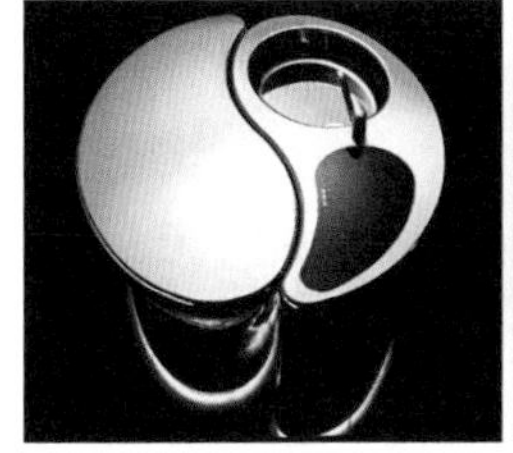
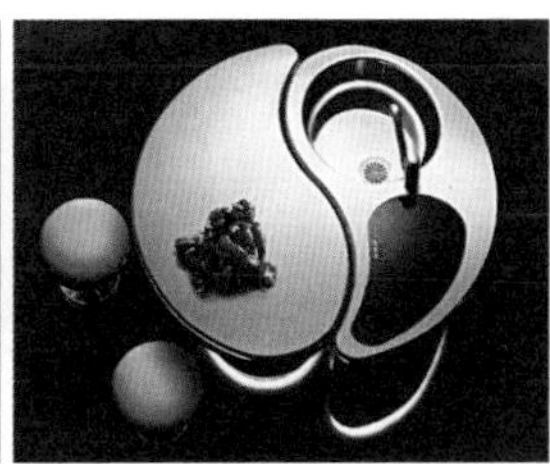
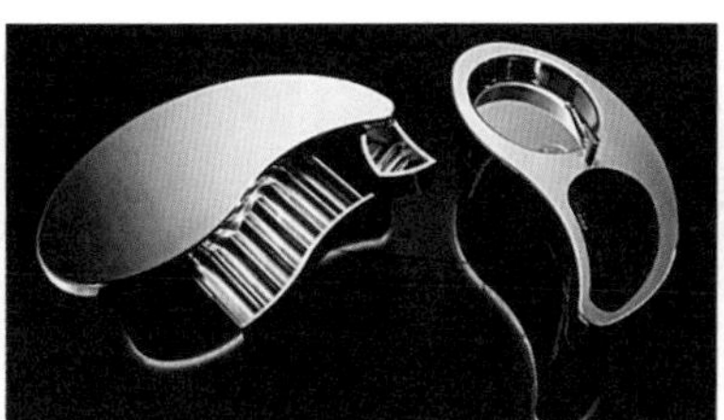
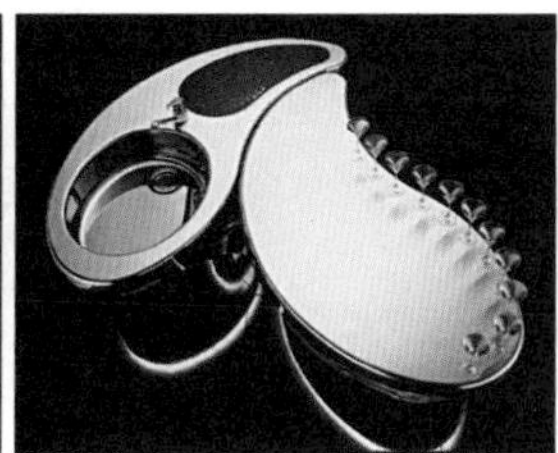

图 2-48　Isola S 厨台的形态

图 2-49　由于产品形态的不同，导致手拿杯子的行为方式的差异、心态的差异

3）产品的材料

材料是人类用于制造物品、器件、构件或其他产品的物质基础，实体产品通过材料构建。材料在很大程度上决定了产品的功能实现、结构形式、造型手法、色彩表现、表面处理与质感等产品设计的内部因素的作用。

一个产品，会因为材料的改变而带来一系列的变化。如图 2-50，歼 20 战机因为使用了特殊涂层材料具备了“隐身功能”；如图 2-51，一个坐具因为使用的是纸质材料，因此它的产品结构和形态也发生了相应的变化；再如图 2-52，由于新材料的研发与应用，普通的灯具给我们带来了新的照明效果和视觉体验……

在产品设计中，影响材料选择和使用的因素主要包括材料本身的物理性能，即材料具备的密度、强度、刚度、韧度、抗疲劳度 、抗氧化度等一系列支撑产品物理构建的参数指标；材料的获取成本与加工工艺技术；材料对消费者或使用者在使用过程中的影响程度；材料对环境和工人的影响因素；材料与产品所诉求的价值观之间的吻合度；材料的视觉、触觉因素等。

在产品设计中，影响材料选择和使用的因素除了以上提到的材料的物质属性以外，材料还具有明显人文和社会特征。有些材料往往会被赋予特定的意义，甚至会因材料的不同划分社会等级。例如，在我国汉朝以前，青铜的用具只配王公贵族享用，而普通平民百姓就只能用陶器；中国文人对“竹”情有独钟，苏东坡曾有“宁可食无肉，不可居无竹”之句。时至今日，竹材料制成的产品在中国或者东方文化的氛围里仍是文人气质的代表；中国在申办 2008 年奥运会成功之后，曾经举办了奥运奖牌的设计大赛，在几千个奖牌设计方案中最后选定“金镶玉”为实施方案，从某种程度上说，也是中国传统文化中对金和玉两种材质的特殊情感因素所决定的。

图 2-50　具有隐身功能的歼 20 战机

图 2-51　纸质坐具

图 2-52　新材料带来新的视觉体验

4）产品的色彩

色彩是物体呈现的主要属性之一，色彩科学已经有系统的研究。实验证明，生理正常的人对色彩的感受高于物体的其他特征。比如，我们在描述一个人或物时，总是会把色彩属性放在首位加以描述：一个穿白色衣服的男人，一辆红色的汽车。而在产品设计中，设计师的设计表达与描述常通过专业的色彩标准进行沟通和交流。

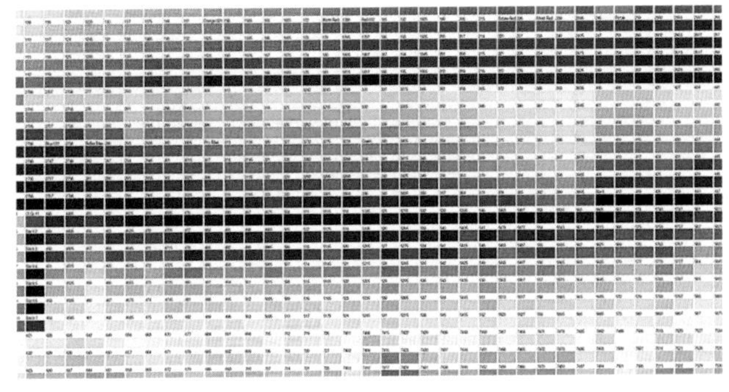

图 2-53 Pantone 色卡体系

图 2-53 是设计中常用的色卡体系。

我们对色彩的反应多半根据生理及心理经验而来，当我们使用色彩时除了要从科学的角度分析以外，印象、记忆、象征、经验与传统习惯影响等都将会是我们要考量的方面。

色彩会在无形中左右我们的情绪、精神状况甚至生理反应。例如：色彩的冷暖感，会使人产生沉静或兴奋感。产业心理学家认为：色彩会影响工作效率，实验显示，劳动者在红色环境中比在蓝色环境中更容易疲劳。还有实验显示，色光的照射会增进血液循环和肌肉力量，其中红色光的效果最强，后面依次是橙色、黄色、绿色、蓝色。

色彩的象征意义因文化的差异而有所区别，例如：黄色在中国传统中是高贵的象征，而在西方国家中却是低俗、色情的代名词；西方将白色作为结婚时的礼服，象征纯洁的爱情，而我国传统的丧服却是白色的。色彩还具有性别、时间、社会地位等特征。

色彩具有色相、明度、纯度三属性。色相是指色彩的相貌，或是区别于别的色彩的名称，如红色、黄色、蓝色等。明度是指色彩的明暗程度。纯度是色彩的饱和程度或纯粹度。同一色相因不同的明度和纯度变化也会产生完全不同的生理、心理反应和象征意义，如图 2-54，同一红色色相的不同明度和纯度变化给人心理感觉上产生的差异。

图 2-54 同一色相因纯度、明度的差异而带来的变化

色彩，也是企业视觉形象表达的主要方式之一，在企业形象设计规划（CIS）的视觉形象设计（VI）设计中，企业的标准色、辅助色是主要设计内容。产品是代表企业形象的物化媒体，产品的色彩规划与设计受企业形象设计规划（CIS）中的色彩设计原则指导，同时，产品色彩也是企业形象在色彩方面的具体体现，是企业经营理念的具体延伸。企业通过色彩计划、色彩管理实现企业的色彩体系，成为企业文化主要内容和市场竞争的有力手段。正是在 CIS 的色彩设计原则指导下，企业的产品色彩才能形成鲜明的企业特色，并不断保持，最终成为企业产品形象 DNA 延续的重要因子。

色彩计划，具有科学性、类别化、阶段化、系统化特征。在进行色彩计划的过程中，一般的程序与步骤是：①现状调查；②概念表现；③色彩形象；④效果测试；⑤管理监督五个阶段。

在色彩计划的五个阶段中，色彩的现状调查与分析是色彩计划的基础。根据市场经验，产品色彩计划往往会因产品所处的发展阶段不同而应采取不同的策略，如图 2-55。

色彩管理在企业的宏观层面首先是在企业形象设计的色彩设计原则指导下明确产品色彩的规划。在具体操作层面，色彩管理是通过各种软件或硬件的计算与模拟实现效果管理和过程管理。其目的一方面是为了论证产品色彩设计方案的可行性和设计方案最终实施后的效果评估，另一方面也是为了保证生产过程中的产品与设计的预期效果保持一致。同时，色彩管理还涉及微观层面的阶段性色彩计划的实施与协调等内容。如图 2-56，在相对统一的系列产品色彩规划中，也会有少量的个性化色彩出现。这正如我们常见的许多产品会推出应景的“节日款”一样，并不代表这一品牌产品的主流。

发展阶段	发生期	成长期	安定期	成熟期	巅峰期	衰退期/再生期
	重视机能时期	商品价值时期		消费者心理时期		技术革新时期
产品特征	技术本位 机能本位	项目差异化 产品多样化	产品形象化 功能多样化	个性化 流行化	时代形象 概念形象	技术更新 技能更新
色彩倾向	单色 机能色 惯用色	原色调 鲜明色调	色彩多样化 色彩系统化 中间色	流行色 生活形态 —偏好色	概念形象色彩	具有新意义的色彩
行销重点	←——— 生产力	———→				←——— 生产力 ———→
		←——— 行销力	———→			
			←———	——— 形象力	———	———→

图 2-55　产品各阶段的色彩计划策略

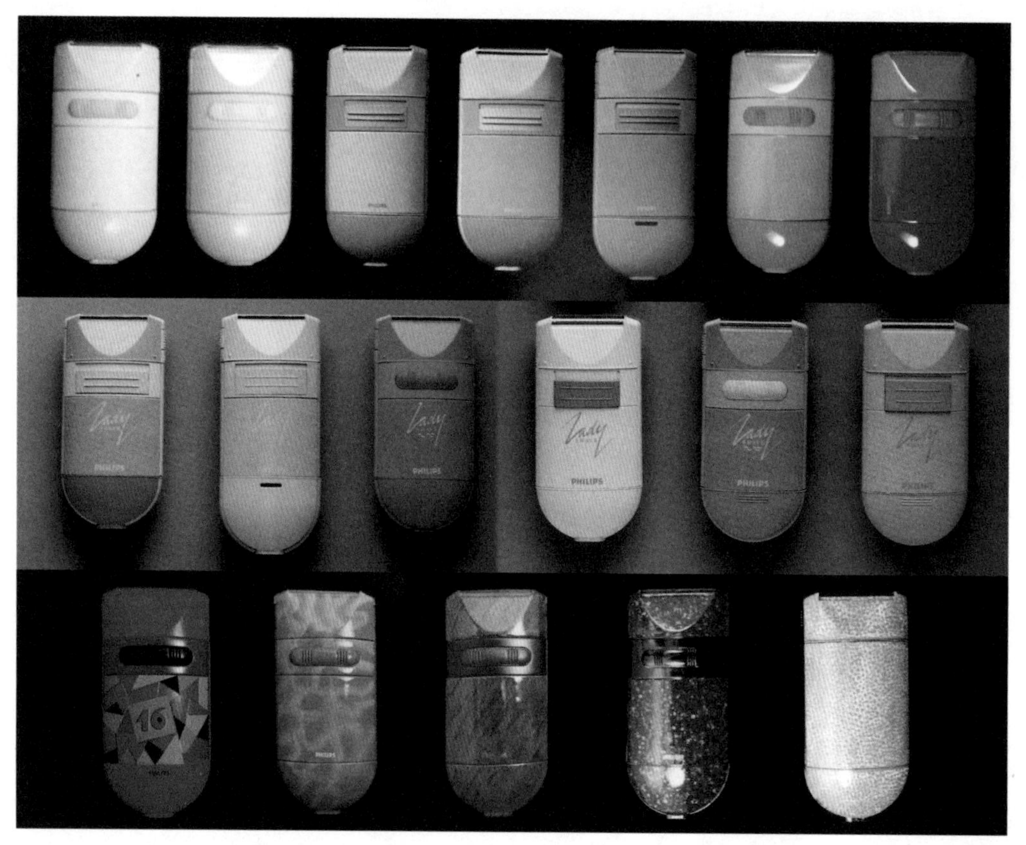

图 2-56　针对不同用户的色彩计划与分析，同时也会设计少量的个性化色彩（设计者：让 · 菲利普 · 郎科罗）

5）产品的表面处理

表面处理是在基体材料表面上人工形成一层与基体的机械、物理和化学性能不同的表层工艺方法。表面处理的目的是满足产品的耐蚀性、耐磨性、装饰性或其他特种功能要求。 工业设计领域关注的表面处理更侧重于表面处理所形成的产品感觉效果。

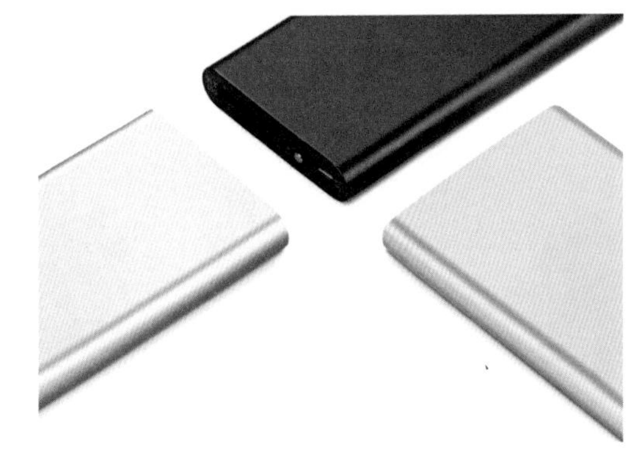

图 2-57 铝合金表面处理后的色彩变化

图 2-58 Apple 笔记本电脑的外壳表面处理

视觉效果，表面处理能改变材质的色彩、纹理、反射度等，形成材质质感的变化，从而实现设计的预期效果。比如，塑料材质通过表面的电镀可以形成金属的质感，如图 2-57，是铝合金通过表面氧化呈现出的丰富色彩。

触觉效果，通过表面的处理改变材质表面肌理，实现产品的触感变化一直是工业设计师在 CMF 设计分析阶段孜孜以求的工作，通过表面处理实现产品触感的设计可以极大地拉近人与产品的距离。如图 2-58 所示的苹果笔记本电脑，其外壳的表面处理号称匠意独到——表面的触感犹如婴儿的臀部。

同时，产品的表面处理也是产品形象和品质的体现。精致的表面处理工艺本身就是高品质无声的代言。

产品表面处理的设计首先受材料的影响。材料的物理属性是表面处理的物质基础，不同的材料在一定的工艺前提下其表面处理效果是会存在很大差异的。比如，要做表面抛光的工艺处理，就必须要在密度较高的材料上才能实现，在密度较低的材料上即使实现了，其效果也会不能持久。

产品表面处理的设计其次会受到工艺、技术以及设备等的制约。工艺、技术及设备是表面处理的手段，手段的高低直接影响到最后呈现的效果。例如，传统电镀表面的光滑程度受基材的粗糙度、电镀液的纯度、电镀液的质量以及后期辅助材料和技术的综合影响。

产品表面处理的设计更受到文化因素、流行趋势、审美因素等非物质因素的引导。从设计的角度来说，产品的表面处理设计是为体现产品品位与品质，是为使产品更符合用户需求特征服务的。物质基础与手段都是因目标的存在才具有特定的意义。例如，小米盒子 4C 所宣扬的价值观的体现。

产品表面处理的设计还应满足产品使用时的人机环境要求。在许多情况下，用户对产品的表面处理还因产品的使用或者产品使用环境而有特殊要求。比如，工具类的产品大多在产品的一定部位做表面的防滑处理；与海水接触的产品都要做严格的防腐蚀处理。

6）产品的交互界面

随着产品的信息化趋势加强，传统产品形态对功能的提示已不能在信息产品中发挥作用，人们在面对信息化产品时需要构建新的心智模型，产品的人机交互已经成为现代产品设计的一个重要内容。同时，在信息社会，产品的内涵已经极大拓展，许多产品的功能已经不再是通过机械结构实现，而是通过交互界面实现了信息的输入和功能的输出。交互设计已经成为设计领域一个单独的学科和专业，而且具有突飞猛进的发展趋势。如图 2-59，两种不同的交互界面具有不同的功能，提供不同的体验。

交互设计不能理解为单纯的“UI”设计，作为一门新兴的学科，交互设计在处理机器（系统）、人、界面之间关系的设计实践和研究中应主要关注：注重定义产品的行为和使用密切相关的产品形式；预测产品的使用如何影响产品与用户的关系，以及用户对产品的理解；探索产品、人和物质、文化、历史之间的对话。图2-60是交互设计中的结构层次图示。

交互设计是从用户需求的“目标导向”角度出发，定义、设计人造系统的行为的设计领域。在具体进行人机交互设计的时候，需要掌握设计的三要素。第一要素是用户，这是人机交互的起点和终点，是至关指标重要的一个环节，在设计过程中占据着主导地位。第二要素就是产品，产品是人与需求功能之间的媒介，只有通过产品才能实现功能。第三要素是过程，人机交互的设计过程并不是凭空想象的，需要设计者深入研究用户对功能的需求，从而根据用户的目的进行设计（图2-61）。

目前，常见的交互方式有语言交互方式、动作（行为）交互方式、视觉交互方式、虚拟现实交互方式、增强现实交互方式等。在交互方式的不断发展过程中，产品的定义也在不断地发生变化，原来以硬件产品为中心的传统设计正在向以交互为中心的“虚拟产品”的设计迁移。未来的产品设计，必将打破传统的设计边界，真正的“融设计”或将成为主要方向。

交互设计遵循功能可视性：功能可视性越好，越方便用户发现和了解使用方法；反馈有效性：反馈与活动相关的信息，以便用户能够继续下一步操作；适度限制性：在特定时刻显示用户操作，以防误操作；映射准确性：准确表达控制及其效果之间的关系；逻辑一致性：保证同一系统的同一功能的表现及操作一致。

图2-59 不同界面提供不同的功能和体验

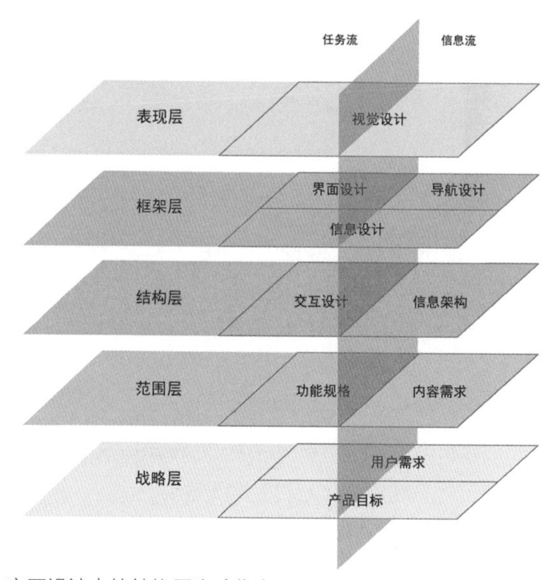

图2-60 交互设计中的结构层次（作者：Jesse James Garrett/ 译者：范晓燕）

图2-61 汽车中控界面设计的不同理解方式

（2）案例解析

CMF 设计分析是基于细分目标人群的生活形态的调研基础上，根据用户偏好建立用户意向坐标，提出关于产品色彩、材料、表面处理等方面的设计意向和原则的分析活动。人们总是会选择那些适合他们个性或者表达他们个性的产品，比如，男性用的除臭剂是深色的，女性更喜欢柔和的色彩。对用户生活形态的研究涵盖了用户的社会地位、文化背景、经济基础、工作性质、家庭结构、社交圈、兴趣爱好、饮食习惯、性格特征、性别等众多方面。

下面是关于汽车内饰、小型蓝牙音箱、箱包的 CMF 设计分析案例。第一个案例侧重于用户的生活形态的应对，将内饰的色彩设计成巧克力色与乳白色相结合，符合一个未婚保姆既要照顾儿童，又要追求有限的自我的特性。柔软材质的使用也充分地考虑到了儿童的生理特征（图 2-62～图 2-67）；第二个案例的蓝牙音箱以高品质音质效果作为诉求点，通过针对不同的价值诉求倾向的跨界产品的分析，在材质、色彩和纹理上进行了相对应的比较与分析（图 2-68～图 2-72）；第三个案例分别从凸显自然、现代简奢生活的设计主张出发进行了两个系列的箱包材质、图案、纹理、色彩、配饰等方面的研究与分析。适合箱包、服饰类这种表达个人价值趋向的产品的设计分析（图 2-73～图 2-78）。

CMF设计分析案例一（作者：Gaurav Prabhu，Vivek Jayan）

明确的目标对象和特定的生活形态是 CMF 分析的出发点。

图 2-62　针对保姆的特定汽车外观及内饰 CMF 设计分析

图 2-63　安详、诱人、整洁的意念

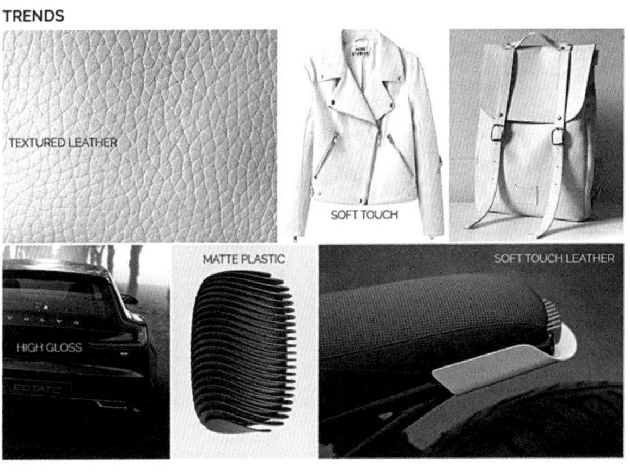

图 2-64　皮革纹理、柔软质感

图 2-65　柔软皮革纹理与高光泽钢琴漆的对比运用

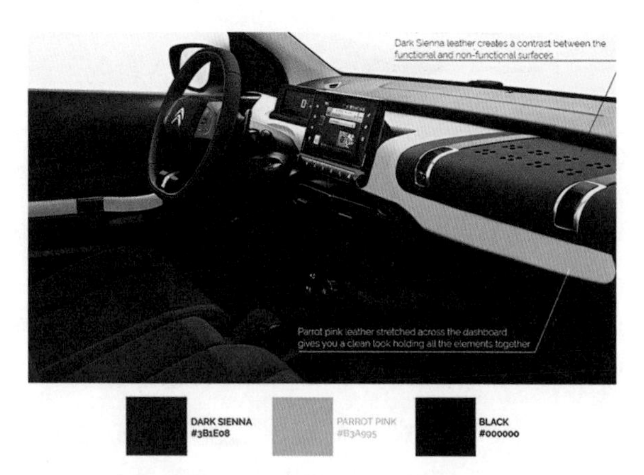

图 2-66　深色皮革，功能性与非功能性的区分

CMF 设计分析案例二（作者：Vikas Sethi）

不同价值倾向的蓝牙音箱 CMF 分析，通过价值观相对应的跨界物品的比较与分析，提取关联要素，加以整合延伸运用。在色彩、材质、纹理上提取的方法简单实用。

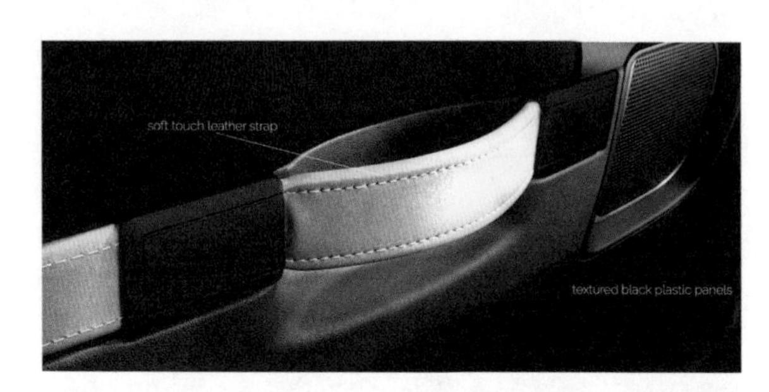

图 2-67　皮革软带与黑色纹理塑料板的对比

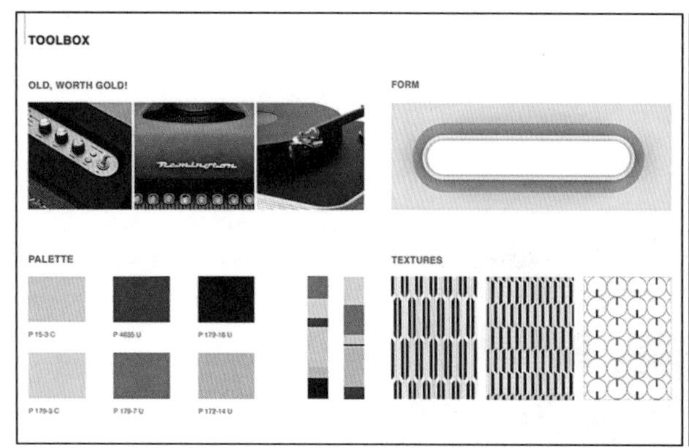

图 2-68　工具运用——理念来源与元素的提取 1

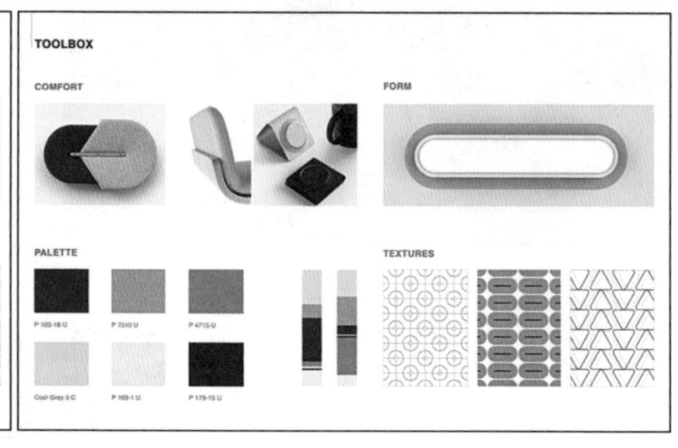

图 2-69　工具运用——理念来源与元素的提取 2

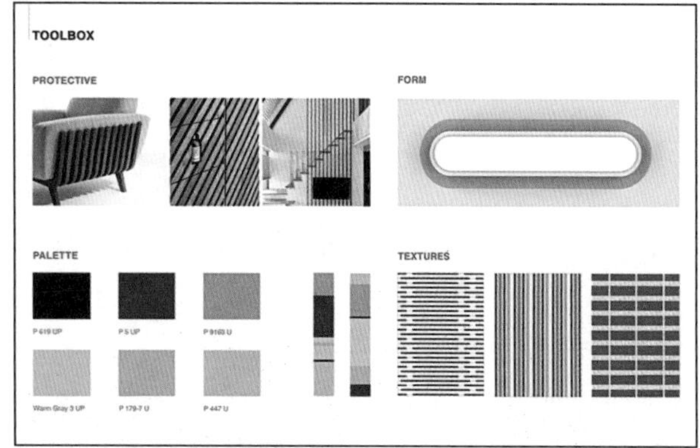

图 2-70　工具运用——理念来源与元素的提取 3

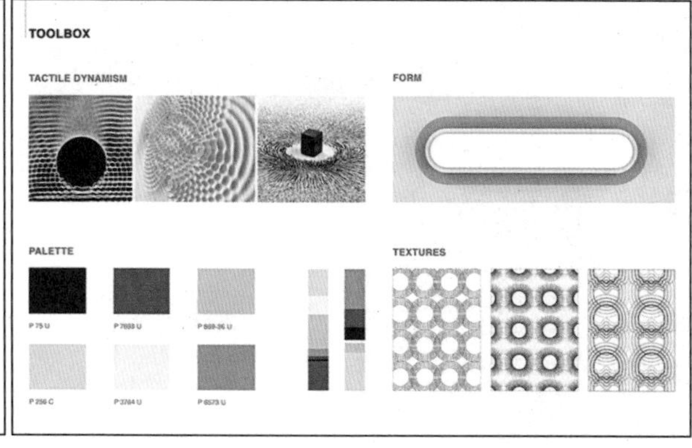

图 2-71　工具运用——理念来源与元素的提取 4

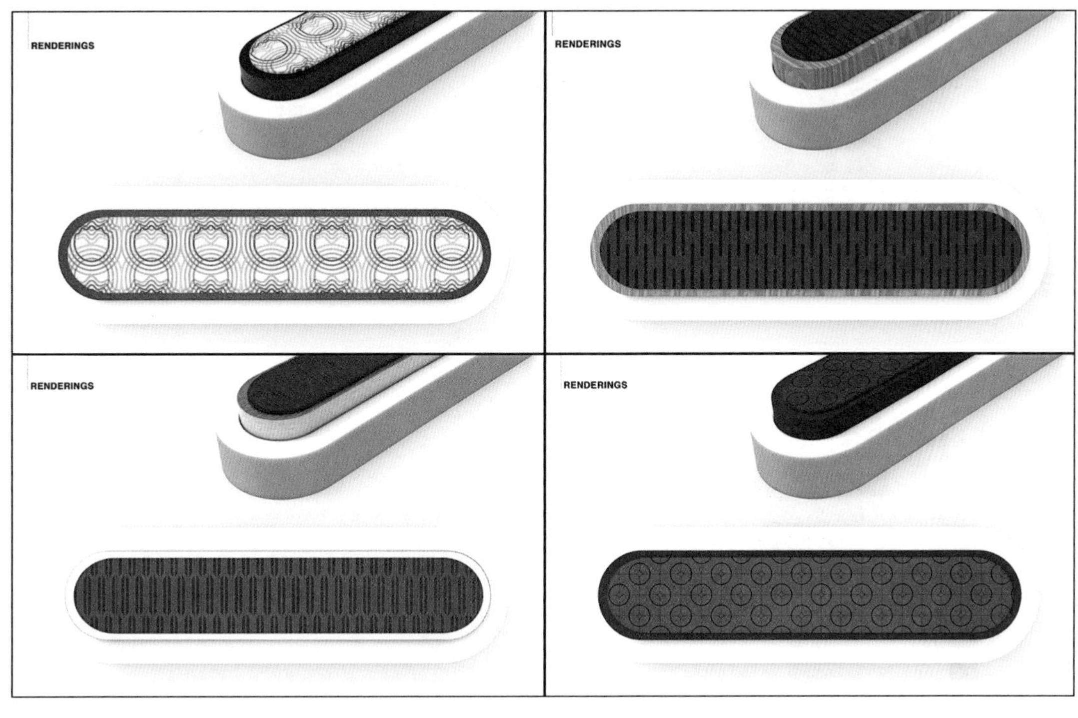

图 2-72 不同的效果对比与评估

CMF 设计分析案例三（作者：Vikas Sethi）

设计对生活方式的引领作用不仅体现在设计的 ID 阶段，同时也体现在 CMF 设计分析阶段。设计理念指引下的 CMF 设计分析阶段通过加强对同类型物体形态、材质、色彩、纹理等的研究，以借鉴、整合、重构与变异等手法实现设计价值观的综合表达。

Vikas Sethi
Color & Materials Design student
College for Creative Studies
http://www.collegeforcreativestudies.edu/
Detroit, MI, USA

图 2-73 生物因子的融合

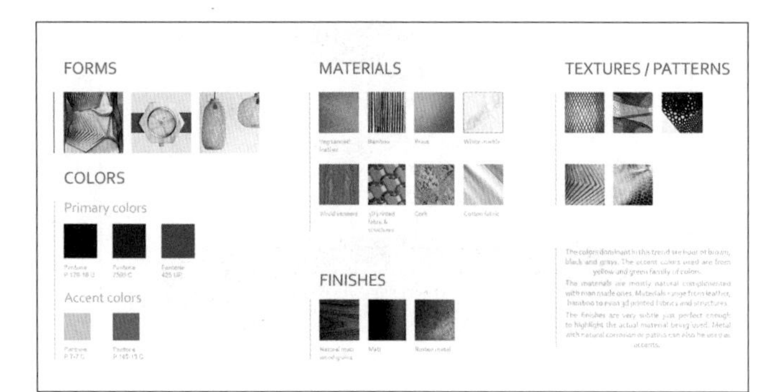

在这个趋势中，占主导地位的颜色是棕色、黑色和灰色的色调，使用的重点颜色来自黄色和绿色系列。这些材料大多是天然的，与人造材料相匹配。材料范围从皮革、竹子到 3D 印花织物和结构等，表面处理非常精致，足以突出实际使用的材料。具有天然腐蚀或铜绿的金属也可用作点缀。

图 2-74　CMF 设计趋势 1

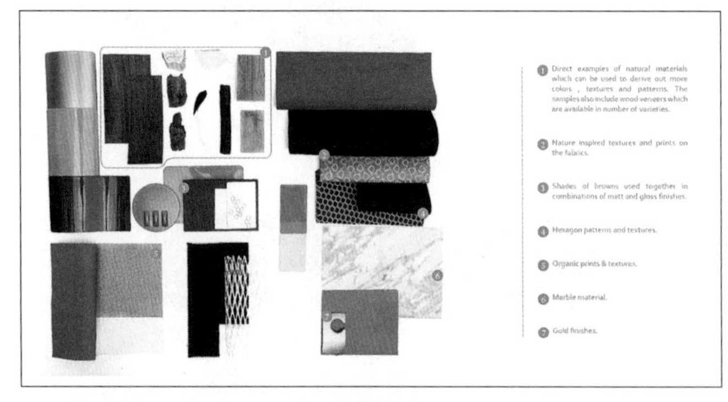

① 天然材料的运用；
② 特色纹理 / 印花；
③ 棕色；
④ 图案；
⑤ 有机印花；
⑥ 大理石；
⑦ 金色表面处理。

图 2-75　具体的设计参考原则 1

图 2-76　现代生活元素

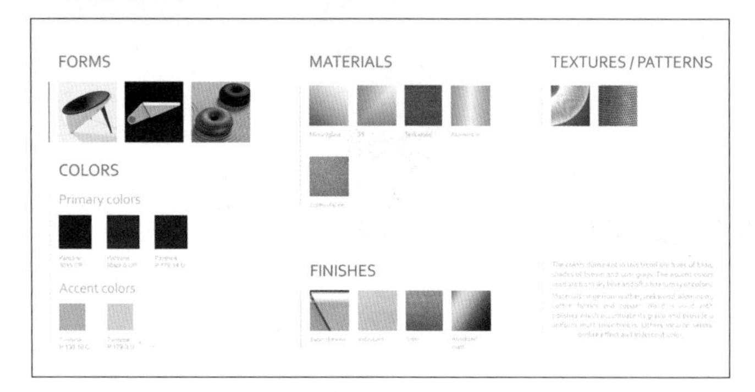

在这个趋势中，占主导地位的颜色是蓝色、棕色和冷灰色的色调，使用的重点颜色来自天蓝色和灰白色系列。材料范围包括皮革、柚木、铝棉织物和铜。在木材部分使用抛光剂，突出其木材特质的同时并提供均匀的哑光光滑度。其他效果包括绸缎感、条纹效果和彩虹色。

图 2-77　CMF 设计趋势 2

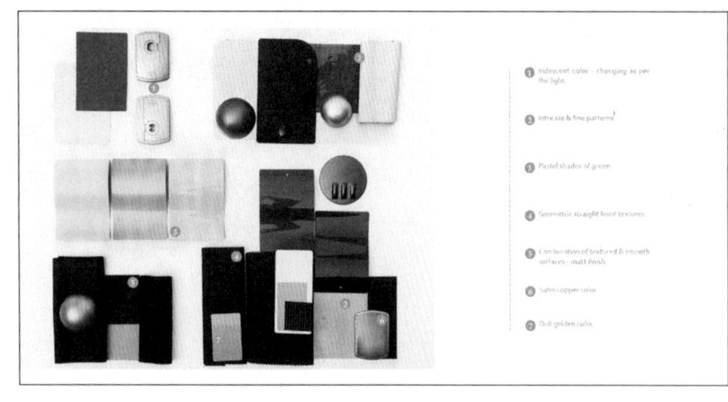

① 彩虹色，根据光线变化而变化；
② 复杂而精致的图案；
③ 绿色调；
④ 几何直线的纹理；
⑤ 纹理和光滑表面的组合；
⑥ 古铜色缎面；
⑦ 暗金色。

图 2-78　具体的设计参考原则 2

（3）CMF 设计分析实训

CMF 设计分析的目标指向是为后续课题的深入设计服务的，也是为产品最后的 CNF 战略实施服务的。在实训过程中应避免为分析而分析的误解，分析最后的设计指导原则要具有明确的针对性和可实施性。

在 CMF 设计分析实训环节，首先要对专业先修课程（设计色彩、设计材料与工艺、设计美学、设计调查等）的相关知识进行必要的简短回顾，要能够在实训环节将先修课程的知识有机地串联起来，灵活运用。为此，可设计一些课外提前预习和先修课程知识复习的教学环节，在课程教学内再以简约汇报或小组讨论的形式开展。其次，要求有不断拓展专业视域、了解流行趋势和工艺前沿信息的意识和热情。CMF 设计分析不仅需要课堂上学习的理论知识，更需要与时俱进地关注课题设计领域动态的发展状况。对于工业设计（产品设计）专业的学生来说，意识与兴趣的养成尤为重要。第三，综合运用 CMF 设计分析方法。CMF 设计分析方法是前人在实践经验的基础上总结出来的理论，不同的方法具有不同的优势，同时又相互补充，不同的课题所使用的方法会有所侧重。

CMF 设计分析实训的基本步骤如下：

第一步，了解对象和环境——生活形态和消费趋势调研。对象是目标消费群体，主要调研其生活形态和价值诉求；环境是关于设计课题所涉及领域的消费趋势，主要调研消费趋势特征和影响趋势的深层原因。

第二步，明确 CMF 设计分析目标。一种什么样的理念是符合目标消费群体的生活形态和价值诉求需要的，什么样的理念是与消费大趋势吻合的，甚至是可以引领消费趋势方向的。需要指出的是，在设定目标的时候应该根据产品品牌的影响力采取不同的策略，一般来说，前端的一线品牌产品的 CMF 设计分析会采取引领策略，而中端的二、三线品牌产品会采取跟随策略。

第三步，进行 CMF 设计分析，提出设计原则。如果仅仅是狭义的 CMF 设计分析，那么，先从色彩的定位与消费属性分析开始，再分析材料的选择要素与原因和材料表面加工的纹理、肌理、图案等。如果可以广义的拓展，那么，可以先从产品的形态开始，将形态、色彩、材质、表面处理、交互界面等所有与感觉系统相关的要素进行综合设计分析。

2.3.3 产品系统实现技术分析与选择

实训课题名称：产品系统实现技术分析与选择（选做）

教学目的：通过对产品实现技术的分析，了解产品功能实现中技术选择原则，理解功能实现的技术选择与功能价值之间的辩证关系，掌握围绕产品功能实现的技术分析方法，培养在设计目标指引下的技术分析意识和技术整合能力。

作业要求：基于课程中确定的课题，在能够满足产品系统功能定义的前提下，结合产品形态、CMF 设计分析原则要求，对产品系统的实现技术进行可行性分析，撰写技术分析报告。

评价依据：1）对有关课题的产品系统实现技术的了解是否全面，技术的前瞻性、成熟性如何；

2）在技术的评价与选择上是否科学，考虑的影响因素是否全面，是否有备选方案，关于技术的可行性论证是否充分，最后的选择方案可行性如何；

3）创新运用现有科技的程度如何，技术的整合能力如何。

（1）关于技术选择

一件产品的功能实现是通过组成产品的要素和一定的结构形式实现的，而决定这种组织形式的关键因素就是技术。也就是说，一件产品之所以以现在这种形式存在并被接受，一定有它存在的技术理由。例如：一块手表，在机械时代要传达时间的概念，是通过时针、分针、秒针的旋转和表盘的刻度来实现的，因为以这种方式呈现最符合机械原理。而电子时代的手表就可以用更直接的数字显示方式来表达，因为电子时代的优势不是机械的转动，而是以光的显示原理实现图形化的显示（当然，也有用图形显示的方式模拟机械表的指针转动显示时间的，那么，这种形式存在的原因又是什么呢？可以做一个额外的小专题讨论）。

工业设计（产品设计）不是技术研发，但工业设计（产品设计）能够极大地促进技术研发与科技应用。在科学技术飞速发展的今天，绝大多数民用产品的功能实现可以通过不同的技术选择以不同的技术路径实现，因此，技术选择的原则就成为今天工业设计专业讨论的热点话题。从不同的角度评价，技术选择的原则是不同的。比如，从技术的可靠性来评价，一般认为汽车发动机的自然吸气技术比现在的涡轮增压技术成熟，但是，如果从功效比评价又是另一种结论；从环保性来评价，新能源汽车优于传统的燃油汽车，如果从用户实用的角度评价，在充电和蓄电技术还没有革命性突破的今天，燃油汽车的适用性还是优于新能源车。一般来说，产品功能实现的技术选择应遵循“适用性、综合性、经济性、长效性、可迭代性和安全性”等原则：

①适用性：每个产品针对的用户群体、使用环境不同，要求的功能效率、使用目的也会存在差异，需要根据每个产品的具体目标、具备的条件、制约因素等，有针对性地选择适用的技术方法及组合。

②综合性：产品系统所解决的问题可能是单一的，但其面临的环境或对象可能是复杂而多样的，因此，哪怕是简单的产品，在技术选择时也应具有综合性、全面性。需系统考虑不同技术措施的组合，多角度实现产品所有功能的最优化。

③经济性：对拟选择的实现技术方案进行技术经济比选，确保技术的可行性和合理性，确保成本和价值的等效比。

④长效性：产品的实现技术是伴随产品全生命周期的存在，因此，对技术的时效提出了必须与产品生命周期相匹配的要求，要在产品的生命周期内能够保证产品功能实现的稳定性。

⑤可迭代性：技术选择的可迭代性和长效性是互相补充的一对原则，特别是在现代产品更新换代节奏越来越快的当下，可迭代性是产品实现技术选择的现代要求。

⑥安全性：不能对用户、环境以及其他不可伤害体构成威胁，或者尽量少地产生影响，符合各类国家、行业标准。

需要指出的是：一般情况下理解的产品可实现技术是指产品本身为实现其使用功能所应具备的技术，往往会忽略生产和制造产品环节所应具备的相关技术、产品功能实现和运行所处的技术环境等因素。从系统观的角度来看，只关注产品本身为实现其使用功能所具备的技术是远远不够的。例如，2018 年的中美贸易摩擦前期报出的中兴芯片事件，抛开其他因素，只从技术选择角度来看，中兴手机本身实现功能的技术选择是没有问题的，但是，在中兴手机的关键制造技术方面却存在致命的问题；同时，现代产品都不可能脱离外部系统而单独存在，5G 手机即使已经生产出来，如果没有 5G 网络可用，也就失去了作为 5G 手机的意义。

技术的商业价值也是现代商业环境下影响技术选择的重要因素。在产品的实现技术选择过程中，有许多能够给用户带来新的体验的新技术可能还不够成熟，但是，从商业运作的角度却往往会被优先选择。

因此，产品系统实现技术的选择，应在系统观的指导下，将产品为实现使用功能其自身应具备的技术、生产制造产品应具备的技术、产品运行的技术环境等进行综合的评价与评估。

实现产品使用功能的技术选择程序一般分为四步：

第一步，提出目标要求。在这一步中，要将产品的功能目标明确地提出来，特别是核心功能的目标最好要有具体化的参数指标。

第二步，现有可完成产品功能目标的技术整理。通过学习和调研，深入了解可能涉及的相关技术的基本原理，要详尽地列出相关技术内容、技术参数、技术条件、技术要求等。在这一步中，工业设计师需要借助跨学科的力量完成。

第三步，技术评估。参照技术选择原则对所列相关技术进行综合评估，并详细列出对应的优势和逆势方面。在这一环节，一般会采用会议论证、专家论证、实验论证等多种评估手段，得出科学的真实可靠的结论。

第四步，技术选择与整合优化。在技术评估的基础上，做最优化选择，并对技术进行必要的整合、优化、再开发等。

（2）产品系统实现技术的分析与选择实训

产品系统实现技术的分析与选择实训环节需要设计师具备对技术发展趋势的敏锐感知力、理工科的学科基础、科学知识的广度、较强的自我学习能力、与工程师和相关技术人员的协作沟通力、整合设计的能力等，同时，实际的设计经验也是难得的财富。对于在校的工业设计（产品设计）专业的同学来说，在这些方面具备的能力可能是有限的，因此，把这一环节的实训设定为“选做”，其目的就是为了在教学过程中根据具体的情况进行调整。如果从分析的科学性还不能达到理想化的要求的话，那么，技术分析的意识培养和基本方法的学习也是教学的目的。

产品系统实现技术的分析与选择实训一般以技术分析与评估报告的形式提交，工业设计（产品设计）专业的技术分析与评估报告包含的核心内容如下：

第一部分，产品系统项目技术背景。这一部分应简明扼要地说清楚：为什么要做当前课题？面临哪些必须解决的问题？有什么困境和机遇？也就是我们常说的“发现问题”。

第二部分，产品系统项目技术目标。这一部分是以量化的形式将需要完成的任务固定下来，可以是一个总目标下的若干个子目标，也可以是并列的但有权重差异的若干个目标。

第三部分，项目技术现状。这一部分主要是对与产品系统的功能实现相关技术的了解、比较、研究。这一部分是整个评估报告的主体部分，需要在其中将各技术的原理、参数、应用现状与前景等做客观的调研。

第四部分，结论。这一部分主要是在综合评估的基础上给出对课题设计具有指导意义的评价与建议。

在这一环节的实训过程中，如果有条件，可以在教学过程中穿插进一些课程要求以外的教学环节，比如：组织到与课题设计需要的技术领域相关的科研机构考察，邀请相关学科的专业人士做专题讲座，组织专题的技术讨论和学习交流活动等。

2.3.4 产品系统市场定位分析

实训课题名称：产品系统市场定位分析

教学目的：了解决定产品市场的主要因素，理解产品市场定位要素的主要内涵，掌握从用户出发的产品目标市场定位分析方法，培养产品设计中对市场定位的感知和把握能力。

作业要求：对设计课题的目标市场定位进行分析，包含行业现状与态势、目标用户、产品优逆势等。重点要求对目标用户的认可度分析。

评价依据：1）产品系统的行业现状与态势分析环节的资讯搜集是否全面、权威可信，分析是否科学合理、重点突出、具有系统性；

2）对目标用户的分析是否符合课题设计需要，是否对未来的设计具有参考或指导价值；

3）最后得出的结论是否明确，可行性如何。

（1）关于产品系统的市场定位

在现代商业社会的市场机制下，产品系统的价值实现离不开市场。市场主要由价值提供方、价值需求方、价值交易环境三部分组成。设计者及其生产企业是价值提供方，目标用户群体是预期的价值需求方，价值交易环境主要包括：经济环境、市场政策、消费趋势、竞争环境、市场规模与机会等。所谓市场分析，就是对价值提供方、价值需求方、价值交易环境三方的各自现状及其关系进行调研的基础上，做出未来发展趋势的预测与研判，并为指导所在方未来的市场行为实施而开展的分析研究。

产品系统的市场定位是介于产品系统要素与产品系统环境之间的一种关系。定位从产品开始，它可以是一种商品、一项服务，或者是一个机构甚至是一个人。定位不是你对产品做的事，而是你对目标用户群体要做的事。也就是说，你要在目标用户群体的头脑里给产品定位。因此，对目标用户群体的研究就显得尤为重要，一般我们会采用“用户画像”的方式来分析研究目标用户。图2-79是大数据时代用户画像的一种流程。

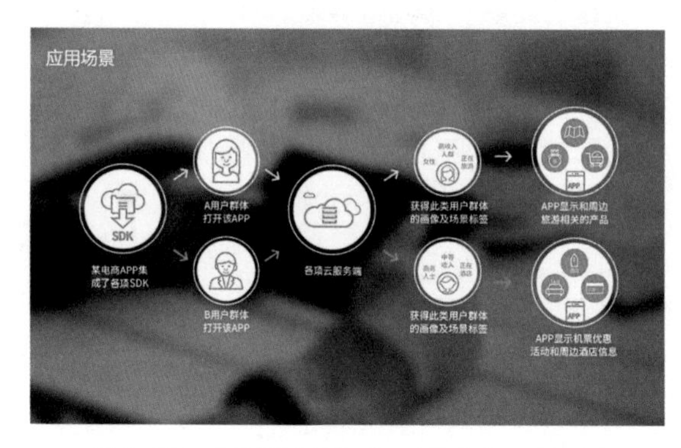

图2-79 大数据时代的“用户画像”工具示例

产品系统的市场定位策略与产品所在企业的品牌在市场上的地位是密切相关的，根据市场规律，同一类型的产品在引领型企业、跟随型企业、成长型企业、初创型企业的定位会有很大差异，这方面的知识主要涉及市场营销方面的专业知识，由于篇幅所限，在此不再赘述。

产品系统的市场定位的步骤一般如下：

1）制定竞争目标。任何产品要走上市场，都必须明确自己的竞争目标，这是市场定位的前提。在传统的市场营销领域，往往会对产品所在的行业现状做深入的调研之后确定自己的竞争目标。但是，在现代商业环境下，如果只关注较小的产品所在行业领域的话，是远远不够的。“康师傅”是曾经风靡全国的方便面品牌，但是，对康师傅形成巨大冲击的不是“统一”、“今麦郎”等方便面，也不是传统的兰州拉面，而是“饿了么”网上订餐平台。因此，竞争目标是什么？我们再不能以传统的思维和方法来确定。

2）满足消费动机。目标用户群体的购买动机有实用性、表现性两大类，如果按马斯洛需求层次理论又可分为生理需求、安全需求、社交需求、尊重需求和自我实现需求等五个层次。但不管是两大类，还是五个层次，核心是加强对目标用户群体的研究。

3）选择目标市场。不论多么强大的产品，永远也不可能满足全球所有客户的需求，服务一定区域内目标用户群体的市场细分是产品系统市场定位的常态化要求。

4）强化优势特征。产品市场定位切忌模糊，定位计划一旦确立就应该不断强化。在设计阶段也要紧紧围绕定位要求，在产品功能、形象、品牌等方面同时开展工作。

（2）案例解析

产品系统市场定位是否准确，从某种程度上说，是决定产品是否具有生命力的关键。图 2-80 是小米科技设计开发的一款便携式剃须刀，别名“男人的第二把刀”。其商务、便携的产品市场定位精准地通过深沉的黑色、精致的表面处理、简洁的造型、有限的功能设计、轻薄的外形，甚至在使用时开关如 ZIP 打火机一样的声音得以充分地表达出来。产品一经推上市场，就赢得了经常出差的年轻商务人士的钟爱。

产品系统市场定位的内容包含了价格定位、功能定位、形象特征定位、品牌定位等方面，设计工作者的工作重心主要是通过对目标消费群体的分析与研究，为功能定位、形象特征、产品品牌等方面的规划与设计工作提供指导性的原则与依据。图 2-81～图 2-86 是关于奢侈品品牌与产品的市场定位分析案例。在这个案例中，针对 4 个类型的目标消费群体进行了“用户画像”，包括：特征描述、性格概述，以图文结合的方式对他们的生活方式进行了调查研究，对他们的生活轨迹进行了比较分析，以及他们日常的消费产品品牌的矩阵分析，最后汇总的产品品牌矩阵图为后续的产品与品牌定位指出了明确的方向。

（3）产品系统市场定位分析实训

从产品系统设计的角度看，产品系统市场定位应在产品设计之前的产品规划环节，是与企业的战略规划密切相关的。在教学的实训环节，产品系统的市场定位只能做模拟的分析训练，主要注重产品的市场定位意识、市场定位分析方法、目标用户群体的分析研究方面的学习与训练。因此，针对设计课题在此环节的实训应把目标用户群体的“用户画像”作为重点，重点训练对目标用户群体的调研技能和“用户画像”的基本方法。传统的“用户画像”主要通过问卷、访谈、观察等调查方式获得第一手资料，现在，智能化的网络平台已经可以精准地获得想要的目标用户群体的核心数据。但是，这种途径是否合法合规，目

图 2-80　小米设计开发的“男人的第二把刀”剃须刀

图 2-81　奢侈品的产品与品牌定位分析（作者：Vikas Sethi）

特征描述：生性大胆，喜欢冒险；
自信有掌控力；
享受驾驭和回归自然的乐趣；
追求高效的工作效率；
在任何情况下都能保持清醒的头脑；
喜欢我行我素的生活。
自信、高效、与众不同的外表

特征描述：热爱家庭的男人；
远离尘嚣；
喜欢与朋友和家人一起猎奇；
可爱的司机，喜欢探险；
希望拥有大车大房；
忙，但是有计划；知足常乐。
顾家、平和的、快乐的

COMMANDER

- Is **daring** in nature and looking for adventures.
- Feels **powerful** enough to control.
- Wishes to **enjoy driving and scenic nature** along with.
- Looks forward **to achieve maximum productivity** or efficiency.
- Highly **confident to take careful decisions** in whatever situations arises.
- Very much **self driven and wishes to control life** the way he wants.

CONFIDENT . EFFICIENT . DISTINCTIVE LOOKS

FAMIABLE

- A **family devoted person.**
- Looking for **quick get aways** (around weekends)
- Loves **exploring new places** with friends and family.
- A **fond driver**, looks out for **adventures.**
- Looks forward to **spacious cars to accommodate family.**
- Has a **busy lifestyle**, so always makes sure to **balance out time.**
- Has a **happy and satisfied aura.**

FAMILY . PEACE OF MIND . CHEERFUL

X1
Sports Luxury

X2
Premium Luxury

CONNOISSEUR

- A **strong believer of luxury.**
- Very **decisive and mature** in nature - **aware** of his investments.
- Look out for **new experiences** within and outside the car.
- Wishes **to be noticed** by people - **attention seeker.**
- Wants to **make a strong statement** with the luxury he affords.
- Very **selective and particular** about things in nature.

ATTENTION SEEKER . LUXURY . NEW EXPERIENCES

FLAUNT KING

- Wealthy and has a **lavish lifestyle.**
- Believes in **living life really grand.**
- Wishes in **showing of his wealth** to everyone.
- Believes in **making a statement** wherever he goes or commutes to.
- His personality is **very much power driven and influential.**
- Has a very **rough and tough** (rugged and masculine)personality overall.
- Invests in products which are **reliable and sturdy in long run.**

LAVISH . SOPHISTICATED . POWERFUL

特征描述：崇尚奢华；
成熟而果断，投资意识强；
喜欢新体验；
喜欢成为焦点；
喜欢用品牌标榜自我；
追求极致。
专注探索、奢华、新体验

特征描述：富有而奢华；
相信生活真的很美好；
炫富；
喜欢公示行踪；
个性强大而有影响力，性格豪爽而粗犷；
投资稳定可靠。
挥霍、复杂世故、强大

图 2-82　四个不同类型的人物形象特征描述（作者：Vikas Sethi）

图 2-83　不同的生活方式对比与分析（作者：Vikas Sethi）

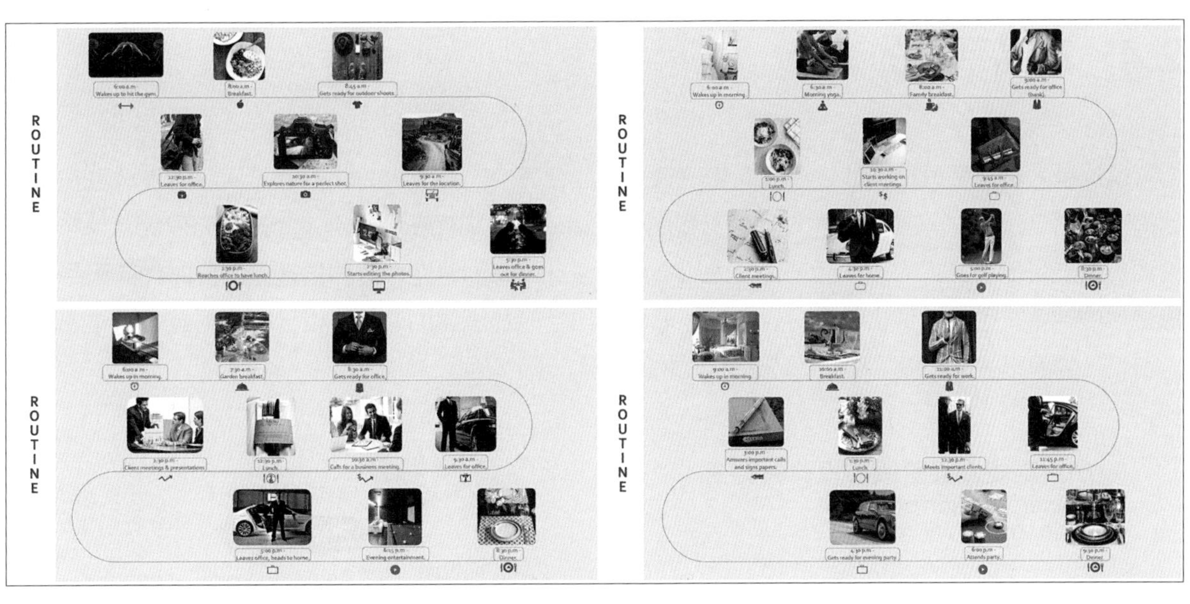

图 2-84 不同的生活轨迹比较分析（作者：Vikas Sethi）

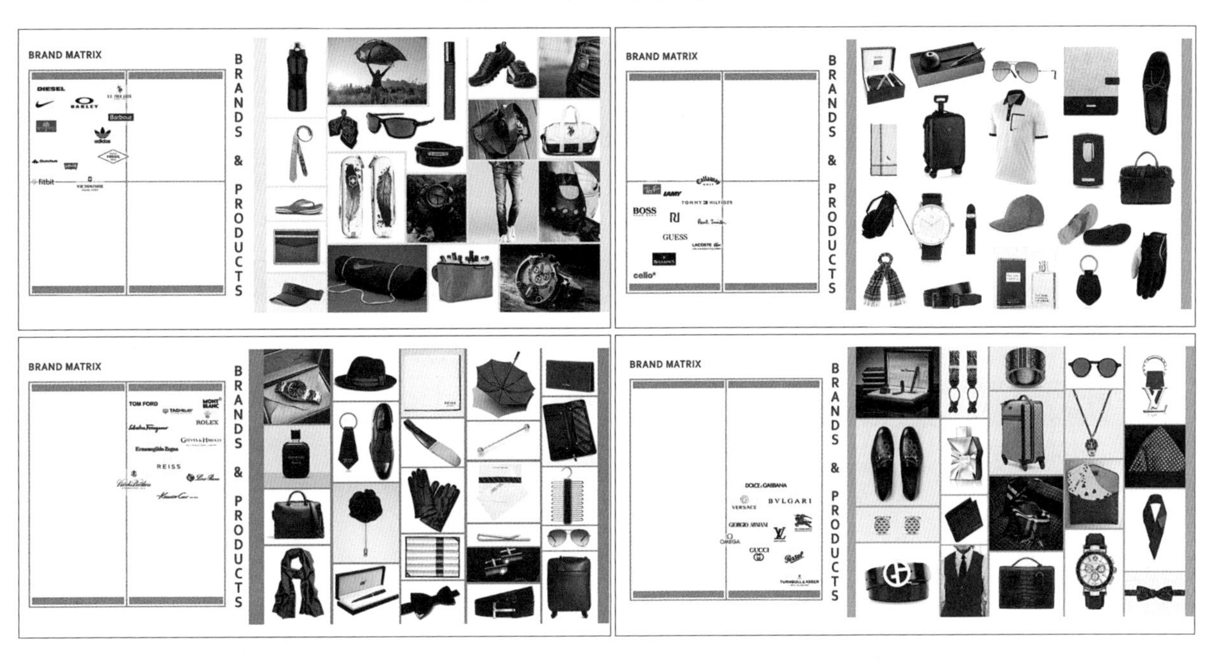

图 2-85 相对应的品牌矩阵比较分析（作者：Vikas Sethi）

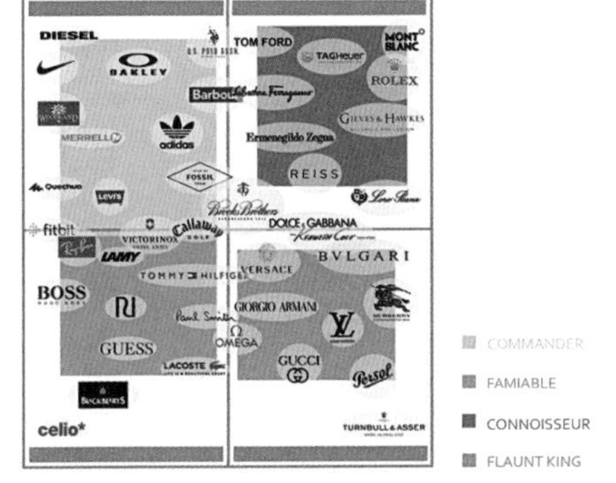

图 2-86 相对应的产品品牌定位矩阵图（作者：Vikas Sethi）

前还在激烈的讨论中。如果我们不是从单一的个体出发，只是对某一类人的相关数据进行搜集和整理，然后再做出趋势性的分析，应该是不会牵涉个人隐私方面的问题的。

通过分析与比较，最后在产品和品牌矩阵中确定定位，该产品和品牌定位矩阵将决定后来设计的配件和产品系统，同时，也将反映出与现有品牌在市场上的定位关系。

2.4 产品系统的设计

设计是人类有意识的创造性活动，它随着人类社会每个产业发展时代的进步肩负的使命也在不断地提升（图2-87）。在基于物质设计为前提的设计活动中，现代设计经历了为产业而设计、为产品而设计、为市场而设计、为用户而设计、为可持续而设计……的时期，这种提升是工业时代向服务业时代进化的结果，也是设计由物质时代向物与非物相结合时代进化的必然。设计的目的越来越丰富的同时，设计的界限逐渐模糊，面临的问题也越来越复杂。

产业历史发展阶段与设计的转变
Transformation of design
under historical context

为产业而设计
1908–1930's
Bauhaus
–工艺与技术
于一身的设计师

为产品而设计
1950–1970's
乌尔姆/布劳恩
–具备系统工程与
制造知识的工程师

为市场而设计
1980–1990's
Sony/Samsung
–了解市场与品牌策略
的企业咨询顾问

为用户而设计
2000's
Nokia/Apple
–人类文化/心理与
消费行为为学专家
–战略整合设计专家

为可持续而设计
2010's
Apple/Android/Facebook
–服务设计创新
–企业社会责任
–开放式创新

Form Follows Function
功能主导设计

Form Follows Emotion
情感主导设计

Form Follows Ethics
道义主导设计

图2-87 产业历史发展阶段与设计的转变（作者：蔡军）

系统科学为设计学带来的系统整体性、关联性、等级结构性、动态平衡性、有序性等理论，极大地促进了设计学科的内涵发展和学科体系的科学化建设，很大程度上促进了中国的传统设计的成长，使之能够从艺术领域不断成长起来，逐步发展为一门独立的学科。

贯穿产品全生命周期的复杂因素与结构的设计观已经成为产品系统设计的共识，并在实践中不断的完善（图2-88）。

在产品系统设计的众多方法中，各有其侧重点和主要面对的设计领域。"双钻模型法"是一种常用的设计方法，也是经实践检验后行之有效的产品系统设计方法。

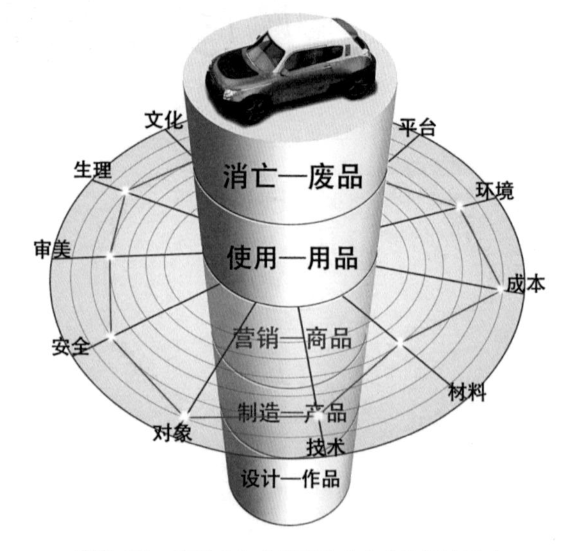

图2-88 产品全生命周期动态变化的设计要素

双钻模型法

双钻模型是英国设计协会发布的一种定位问题、寻找解决方案并持续优化的系统分析方法（图2-89）。它描绘了在设计流程中发散和收缩的过程，是一种设计师经常所使用的思考模式。如果说解决问题是设计的核心价值，那么我们可以将解决问题分解成“问题是什么?”和“怎样解决问题?”，或者更准确地表达为：“真正的问题是什么?”和“最有效的解决方案是什么?”

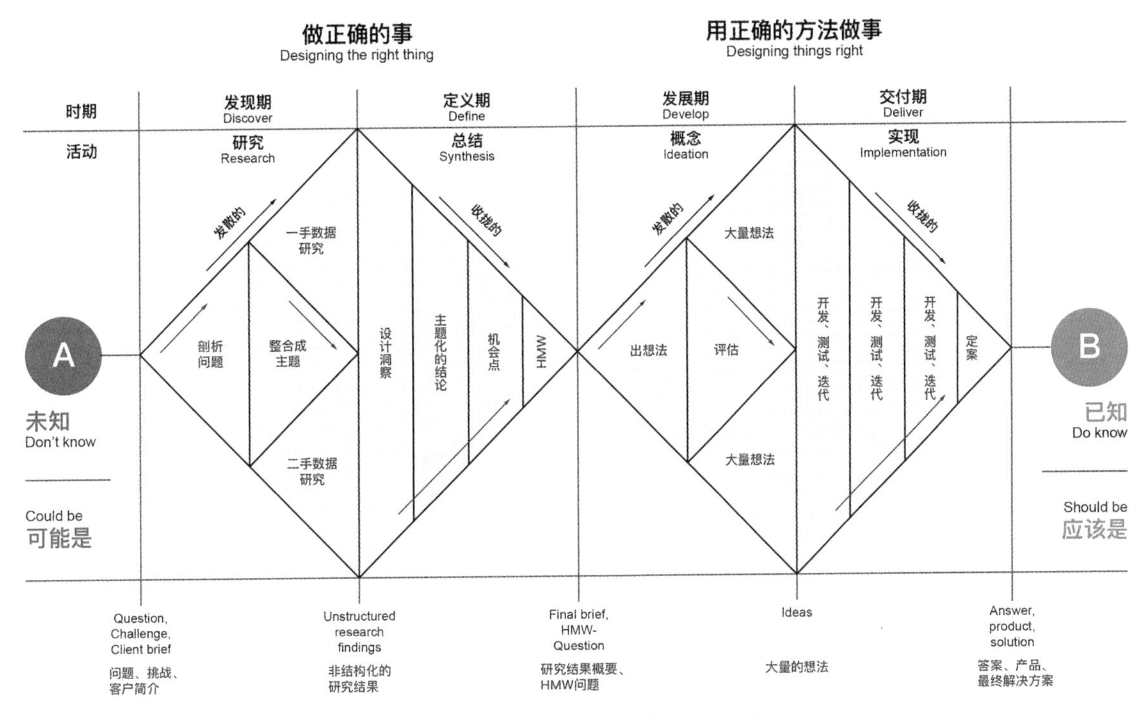

图2-89 双钻模型法图示（译者：周一苇）

双钻模型主要分为两个阶段，四个步骤：

第一阶段——为正确的事情做设计（designing the right thing）

第1步：探索（Discover）和调研（Research），此步是发散型的思考，探索和研究问题的本质。

质疑 rip the brief：对需求质疑，对商业模式质疑，对用户质疑，质疑一切不合理的事情。

故事/场景 cluster topics：列举用户可能遇到的真实场景元素，地点、时间、人物、故事等，梳理整个产品与人可能发生关系的流程和节点。

研究 research：针对问题进行研究，例如用户访谈、问卷调查、竞品分析、行业分析等，最终得到一系列的研究结果。

第2步：定义（Define）和聚焦（Synthesis），此步是将第1步发散的问题进行思考和总结，把问题集中起来解决。

洞察（insights）：把存在的问题、研究结论看透彻，这是一个深入观察的过程。

主题（themes）：把问题归类成为一个主题，或者说是把问题归类成为一个系列。

机会领域（opportunity areas）：把之前的行业分析、竞品分析以及存在的问题一起比较，发现可能存在的机会突破点，例如这个设计能给用户带来什么?

how might we...HMW：我们在有关的领域应该怎么做，能解决什么问题？

第二阶段——将设计做正确（designing things right）

第 3 步：发展（Develop）和构思（Ideation），此步是开始真正的交互设计构思。

构思 ideation：把问题具体化，我们可以参考流行的设计趋势、好的设计网站或者好的交互效果，构思自己的交互设计应该如何做。

评估 evaluation：如果构思的过程产生了很多的想法方案，那么我们应该先评估一下可行性。

想法 ideas：经过评估之后，最终选择了 2~3 种 ideas。

第 4 步：传达（Deliver）和实现（Implementation），此步等于最终用线框图解决了之前的问题。

制作原型，测试，迭代（build，test，iterate），重复 3 次以上。即可以简单理解为线框图的评审（自己把关、产品经理把关、评审把关），反复迭代原型。

有的学者也会在英国设计协会的“双钻模型”的基础上将双钻模型简化概括成三个阶段，这是针对不同的设计领域需要将有些环节单独提取出来而做出的调整（图 2-90）。双钻模型是一种系统的设计思考和设计实践的思维方式，也可以针对某一方面的问题将每个阶段分拆出来单独使用。

第一个阶段是找到正确的问题：通过各种调查方式找出可能存在的问题，并进行筛选，聚焦并确定最可能的问题所在。

第二个阶段是找到正确的解决方案，通过触点分析、问题矩阵、创建设计蓝图等对确定的问题找出合理的解决方案。

第三个阶段是优化迭代，在形成解决方案的基础上并持续运行第一、第二阶段方法，不断进行设计优化和完善。

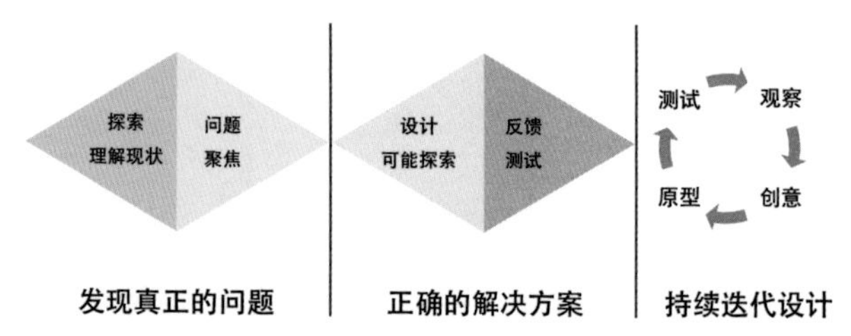

图 2-90 根据不同的产品设计领域做出调整之后的双钻模型简化图（作者：Colin）

双钻模型方法对产品系统设计的价值：

1）在双钻模型中，对思考过程进行了分段拆解，让思维训练更具可操作性，也使设计者能够对照双钻模型在设计实践过程中进行自我监视。双钻模型将不可见的思维过程分为 2 个核心部分：确定正确的问题、发现最合适的解决方案。在设计实践中，设计者对设计程序的重要性总会产生困惑，认为程序是束缚设计思维的条条框框，总会过早地进入设计方案（解决问题）环节，由此而带来的是设计越做越“糊涂”，最后出来的方案也没有把握问题的本质。

2）在设计过程中，总会面临各种各样的问题，而这些问题的本质是什么？如何理解和定义问题？这需要对问题的重新审视。有了双钻模型的指导，可以辅助设计者更好地在深入研究透真正的问题之后再开展设计方案的探索。第一个钻石模型，为我们提供了寻找设计中真正问题的方法。通过第一个钻石的提出，原本易被忽略的问题环节会重新受到重视，避免设计方案发生方向性偏差。在现实中，我们经常会看到很多“为设计而设计”的产品，最后导致市场的失败，资源的浪费。

3）双钻模型法使设计思维过程可见。通过双钻模型设定的思考框架，原本处于“黑箱”的思维过程被逐渐呈现出来，对设计者和思维训练与研究者来说都更直观，也使设计方案的演绎过程更可把握和更可理解，提高设计工作效率。

2.4.1 从概念到草图

实训课题名称：设计方案草图

教学目的：通过该课题的训练，培养从抽象的概念转化到具象的产品草图的能力，了解设计草图的意义，根据课题要求能够用草图语言表达设计、研究设计、探索设计可能。

作业要求：根据前面所形成的设计概念，用手绘草图的形式探索产品形式，探讨设计可能涉及的一些关键环节，尽量多地探索各种可能。要求设计方向不少于 3 个，系列的设计探索草图不少于 60 张，在草图中应有关键部位的探讨和初步的结构、细节。草图上应标注关键要点和说明。

评价依据：1）草图方案与前期设计概念是否具有延续性，是否能反映前期设计概念的核心理念；

2）草图表达与文字说明是否将设计概念说清楚，探索和研究的深度如何；

3）在设计概念的转化过程中思路是否开阔，是否能从不同角度进行尝试、探索与研究；

4）草图方案绘制的熟练程度和表达的艺术性也是评价的关键指标。

（1）关于设计概念向草图方案的转化

设计概念（Concept ）是设计者一种原始的、概括性的想法，是一种尚待逐渐扩张和发展成细节的原始感觉，是一种内涵错综复杂的原始架构，是在系统分析问题之后产生的对于设计的一种认知，是来源于设计条件的心灵意念，是一种由需求转变成解答的策略，是进行设计的初步策略，是发展主要设计要点的初步法则，是设计者对课题的初步构想。

设计概念是相对抽象的，有时可能是“只可意会，不能言传”。然而，设计方案却是要求以具象的、可横向进行沟通交流的、可纵向记录设计者设计历程并最后以图文的方式呈现的结果。因此，在具体的设计实践过程中就存在一个由抽象向具象的转化与表达过程。这个过程是专业设计师完成的关键环节，也是设计初学者最纠结的环节。

初学者的训练，可以参照以下方法：

组合集成法。列举出所有可能关注的设计点，将每个点的设计方案先单独做出来，然后再根据它们在产品系统中的权重系数进行组合集成，对某些独立点的设计方案进行调整，形成系统的设计方案草图。

突出中心法。优先解决已经具体化的关键问题，尽量将关键问题处理得最完美，而且它们将使得后续问题的处理变得有脉络可寻。

借鉴法。借鉴周围的、历史上已经存在的其他的问题处理形式，进行嫁接和根据课题实际情况调整与优化（特别强调：借鉴不能抄袭，要结合自己的实际课题进行创新）。

推导法。通过推导列出各项限制条件，总结出引导问题解决的引导方式，推导出课题设计概念的草图解决方案。

草图方案应包含的内容主要包括：设计思维的演变过程、设计可能性的各种探讨与比较、对设计内容的图式研究与分解、设计内容的解读与说明、设计方案的细节前期研究过程等。总之，在由概念向草图的转化过程中，尽可能地使原来抽象的概念可视化与具体化，草图是进行深化设计前必不可少的环节，所有内容都是为后续的设计课题深入服务的。

由概念向草图的转化是具体的设计发散过程，处于设计方法“双钻模型法”中的发展期阶段。

（2）案例解析

成熟的设计师方案草图的表达方式因人而异，但其核心目的是不变的，那就是将概念转换成可视化的图形语言，探索概念转换的各种可能，提出可以发展的设计方向为课题的深化设计服务。有些设计师的方案草图可能会很“草”，但能够从中追寻设计师的思维发展过程和设计者的设计理念；有些设计师可能会借助现代科技的工具来进行表达，形成较酷炫的效果；还有的设计师会直接用泡沫塑料、模型泥等工具进行三维的设计理念的表达。图 2-91 是一组学生在进行“保温箱”产品系统设计课题时的草图方案，可以从中看到一些设计方向的探索，但是，由于学生最后的草图呈现往往因为考核分数的诉求会做出修饰，反而失去了草图本应该具有的“本色”。图 2-92、图 2-93 分别是两个产品的概念转换，从不同的角度进行发散所形成的方案草图。图 2-94 的草图图形语言更加丰富和精确，思维也更缜密。

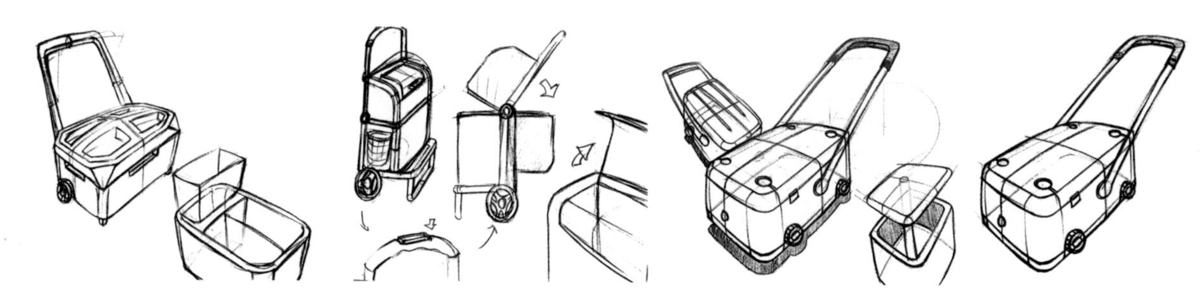

图 2-91 移动式保温箱方案设计草图（设计者：李丹阳、褚恬宁、陈欧奔、薛伟峰）

图 2-92 私人小型音箱方案设计草图（设计者：Matt Seibert）

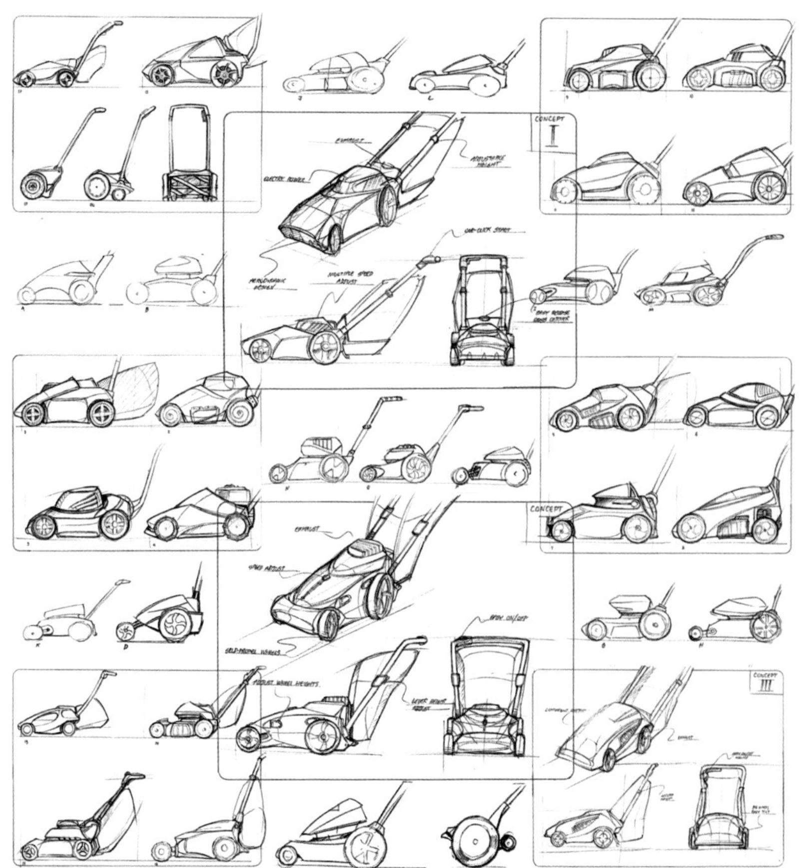

图 2-93 自行式割草机方案设计草图（设计者：Matt Seibert）

图 2-94　不同方向的方案设计草图的比较（设计者：Nicholas Baker）

将设计概念结合产品形态、结构、组合方式、使用方式的方案设计草图是一种设计思维的自然流露，在这一表达过程中，往往也反映出设计师的设计态度、设计素质、设计功底和设计的“诗性”。许多设计大师的草图不仅是单纯的“诠释”，还是一种概念升华的艺术表达。

（3）设计方案草图实训

传统的方案草图大多以铅笔或其他绘图工具表现在纸上，随着科技的发展，电脑手绘板等新的工具和材料的应用已经在设计界得到广泛认同，有的学校在教学活动中已经舍弃了传统的绘图工具绘制草图的教学。图 2-95 是设计师用手绘板绘制的设计方案草图，相比较于传统工具，其表现力和便捷性是传统工具完全无法比拟的。

在进行由概念向设计方案草图转化的实训时一般经历三个环节：

1）思维发散的设计草图阶段。在这一阶段，要求尽量探索各种设计的可能性，先不要进行评价，只进行探索。

2）整理、归纳、评价阶段。这一阶段将前期形成的各种设计方案草图进行整理后合并，分类区别出来，看是否还存在可能没有关注到的“盲区”，进行补充。对整理出来的所有设计方案进行评估，总结得失。

3）深化、完善阶段。一般情况下，在所有的方案中选出不同倾向的 3 种方案进行更深入的探索，使设计方案以草图的形式逐步明确化。

同时，在实训过程中还需要注意：

第一，摒弃“为草图而草图”的行为。我们常看到有的方案草图绘制得很漂亮，不论是用笔，还是构图等都已达到无可挑剔的程度，但是，透过漂亮的草图发现设计本身的内容却很平庸。这样的方案草图严格来说已经不是设计草图，而是绘画作品，已经失去了作为方案草图的意义。

第二，应保留好训练过程中的所有文件。设计的思维从接触课题开始就逐步体现出来了，各个阶段的文件就是对设计课题的一个研究过程的生动记录，保留过程文件不仅是对设计思维过程的保留，也是后续的总结、凝练、提高的基础依据。

第三，可以综合运用各种手段，其目的是充分地表达设计意图。

图 2-95　用绘图板和二维软件绘制的设计方案草图（作者：林明文等）

2.4.2 设计的深入

实训课题名称：设计的深入

教学目的：通过课题训练，培养学生在系统思维指引下的产品深化设计能力、设计创新能力，从产品的形态、结构、人机关系、生产与装配方式、使用与维修服务要求、产品线的拓展与系列化等方面进行更深入的研究。增强系统地组织先修课程知识并综合、灵活运用的能力，增强自主学习和探究式学习的能力。

作业要求：针对课题设计要求，分别对产品系统的形态、结构、人机关系、生产与装配、产品的系列化等可能需要的部分进行设计。具体的要求和侧重点因课题差异调整。

评价依据：1）设计是否关注到了产品系统全生命周期可能涉及的关键环节，设计方案是否充分满足关键环节的要求，可行性如何；

2）设计方案的深化程度、设计方案的创新性、设计细节的探索推敲、设计方案的可行性等方面如何；

3）是否能综合、灵活运用先修课程中所学的相关知识，是否能主动地进行学习课题设计中可能用到的其他知识，设计探索和研究的意识和能力如何。

（1）关于产品设计的深入

产品设计的深入是在前期概念方案的基础上，进一步从产品的形态研究与细化设计、产品的结构关系、产品的人机关系、产品的拓展与系列化设计、产品的工程设计等方面完成产品生产前的所有设计工作。在产品的深入设计过程中，各个设计环节是相互制约、相辅相成的。比如，在进行产品的人机工程关系设计时，绝大多数情况下都与产品的形态设计和结构设计密切相关；产品形态的细化设计就直接关系到产品的结构设计。

1）产品形态方面的比较研究

在深入设计阶段，对产品形态设计的比较研究，是工业设计（产品设计）专业领域的主要工作之一，形态设计可以参照前期的产品系统分析阶段所形成的原则和结论。深入设计阶段的产品形态研究与探讨主要是使产品形态更符合设计概念要求，更符合系统化特征，更能实现功能的需要，更便于生产制造……图2-96是关于水壶形态的比较研究示例，图2-97是两张通过形态的深入比较研究，使产品更符合设计概念要求的示例。

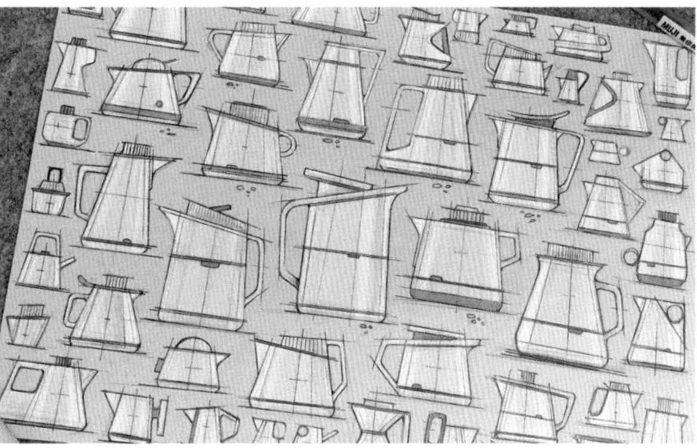

图2-96 产品形态的比较研究（设计者：Marius Kindler）

图 2-97　通过形态设计研究使产品更符合设计概念要求（设计者：Adityaraj dev 等）

2）产品结构的研究与深入设计

产品的结构是产品内部各要素的组织关系。产品是由若干零部件以一定的秩序组合而成，因此，从产品设计的角度一般将产品的结构解释为构建产品功能的各零部件及其组织方式。

在产品深入设计过程中，对结构研究的最好方式就是先对原有产品系统或相关系统的解构与分析，然后再从新的设计方案中各零件的协同、制约、层级等关系，零件与产品整体的关系，零件间的结构与功能输出之间的关系角度进行深入研究并进行设计。图 2-98 是一组关于电动工具结构研究的学生作业，通过这一环节的练习，学生加深了对产品内部结构的了解，为新产品系统的结构设计与创新奠定了一定基础。

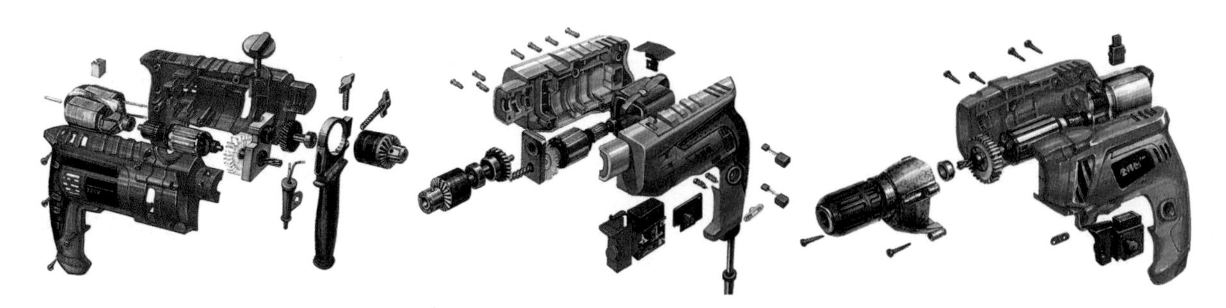

图 2-98　通过爆炸图制作研究现有产品结构关系（作者：白阳阳、苑垚、黄志豪）

产品的结构设计首先是要满足功能实现的需要。我们都知道，同样的功能可以通过不同的结构实现。比如，自行车架的稳定功能，可以是三角形结构，也可以是十字交叉结构，还可以采用板式结构，等等。在众多的结构形式中，三角形的结构最简洁，生产制造也最简单。所以常见的自行车大多选用了三角形的基本形作为车架的结构。

产品的结构设计还要考虑当前的生产制造技术是否能实现。在设计实践中，我们常常看到很多热衷于“设计”的工程师会设计一些“精巧”的产品结构，但是，细究之后我们就会发现，要实现这些结构需要非常高精尖的生产设备和技术。一般情况下，如果不是非要制作这样“精巧”的结构不可，在产品设计中应秉持“越简单有效的结构越好”的原则。

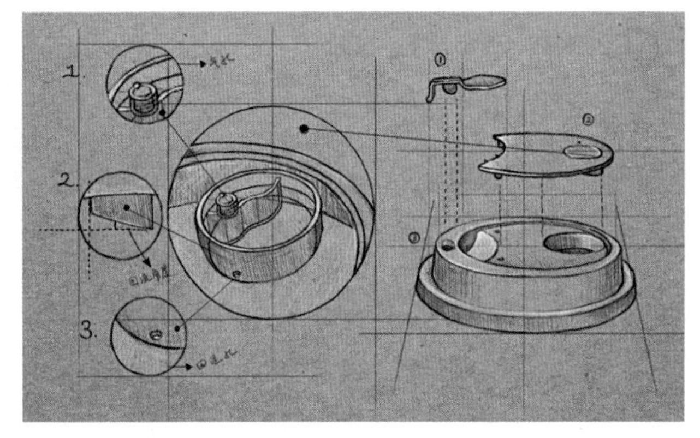

图 2-99 杯盖的产品结构设计探索与研究（设计者：“星巴克”质量品控研发团队）

产品的结构设计要从控制产品的成本出发，保证产品的价值率在合理的区间。结构设计反映在产品成本上的因素除了上面提到的生产技术与设备要求、结构的复杂程度以外，还包括产品在使用和维护过程中可能产生的成本。例如，优秀的汽车传动结构设计可以使汽车高效的运行，为使用者节约燃油成本；图 2-99 所示的奶茶杯杯盖结构设计，不但装配和使用方便，而且可以层层叠起来包装，节约了包装和物流成本。

在产品的结构设计中，要提倡不断地优化和创新，结构的创新设计是建立在原有结构深入研究的基础之上的，一般来说，要实现结构的优化或创新往往伴随着功能的迁移、新材料的应用、新工艺的推广、新技术的突破等。

3）产品的人机关系研究与设计

在产品的深入设计过程中，人机关系的设计也是重点研究的问题。绝大部分的产品最终都是为人类设计，由人来使用。人在使用产品的时候就必然会发生人与产品的关系问题。探讨和研究人与产品关系的人机工程学最早起源于人类的劳动需要，是应用人体测量学、人体力学、劳动生理学、劳动心理学等学科的研究方法。随着人与产品的关系越来越密切，人机工程学已经成为产品设计领域关键的支撑学科。

设计者可以通过以下方法开展人机关系方面的设计研究工作：

①测量方法：测量方法是人机工程学中研究人的形体特征的主要方法。它包括尺度测量、动态测量、力量测量、体积测量、肌肉疲劳测量和其他生理变化的测量等几个方面。

②模型工作方法：这是设计师必不可少的工作方法。设计师可通过模型构思方案，规划尺度，检查效果，发现问题，有效地提高设计针对性和成功率。

③调查方法：人机工程学中有许多感觉和心理指标很难用测量的办法获得。有些即使有可能，但从设计师工作范围来看也无此必要，因此，设计师常以调查的方法获得这方面的信息。如每年持续对 1000 人的生活形态进行宏观研究，收集分析人格特征、消费心理、使用性格、扩散角色、媒体接触、日常用品使用、设计偏好、活动时间分配、家庭空间运用以及人口计测等，并建立起相应的资料库。调查的结果尽管较难量化，但却能给人以直观的感受，有时反而更有效。

④数据的处理方法：当设计人员测量或调查的是一个群体时，其结果就会有一定的离散度，必须运用数学方法进行分析处理，才能转化成具有应用价值的数据库，对设计产生指导意义。

而在具体的设计实践中，如何将这些调查研究成果有效地运用到产品设计上，还需要一个设计的处理过程，这其中牵涉一些设计的经验和应对设计问题时的随机应变技能。在此，有以下几方面的体会提出来分享（当然，经验还不能上升到理论，也不是适用于所有的人、所有的课题，这里列出来只是作为参考）。

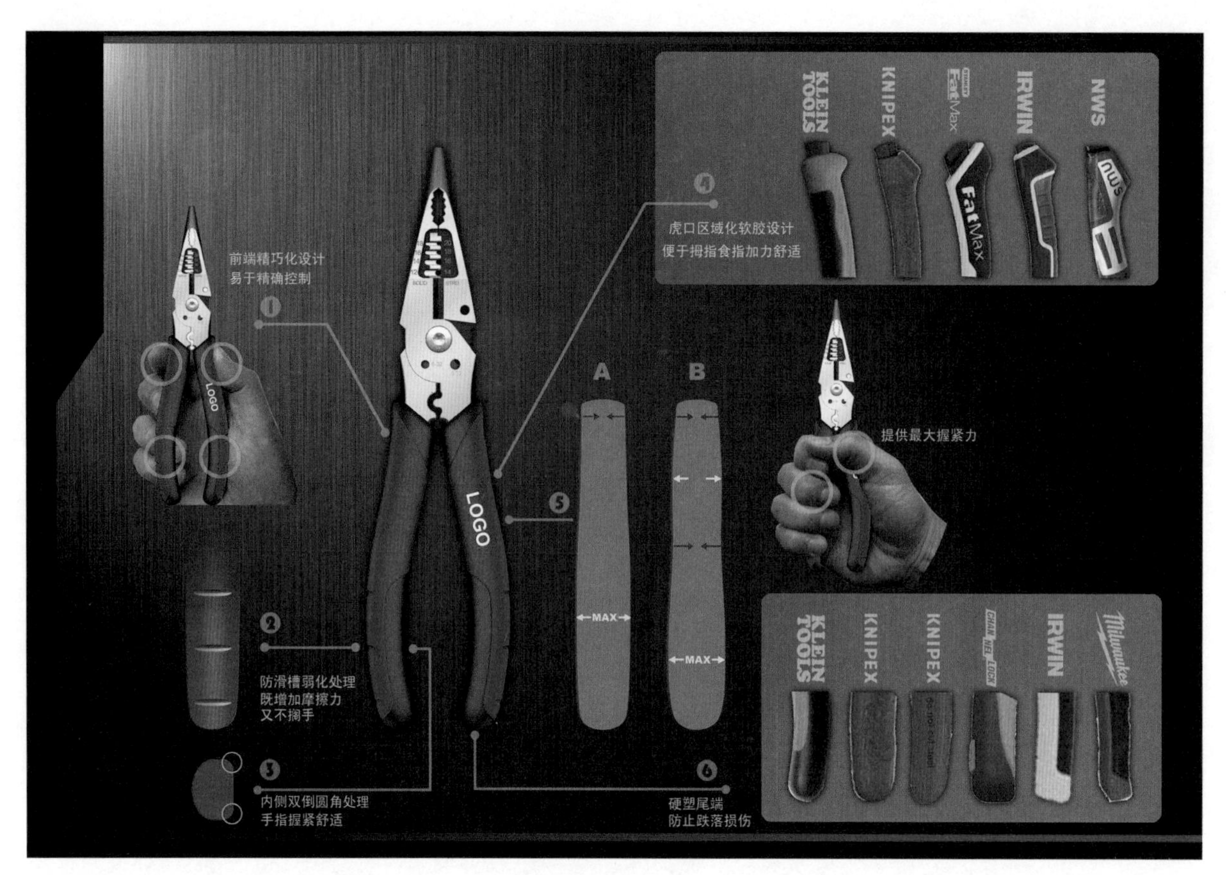

图2-100　手动工具的使用过程与人手之间的关系设计与研究（设计者：中国计量大学工业设计专业学生　林明文）

第一，辩证地看待和运用权威机构的数据与人机关系原则。权威机构发布的人机工程学数据和设计原则是经过严格的测量和总结分析后得出的可以指导设计活动的资源和理论，应该成为助力设计实践的工具。但是，在具体的设计实践中，可能会因面对问题或对象的特殊性，约定俗成的数据和设计原则不一定是最合适的，这时候还需要具体问题具体研究，不能让已有的数据和原则成为制约设计的枷锁。

第二，通过实验获得直接的设计要求。如图2-100，在设计钳子手握部分的形态、结构和材料的时候，可以通过具体的使用试验获得最直观的感受，总结分析出设计的要求。人机关系设计的实验可以是产品的使用过程实验、原型功能机的模拟测试实验、虚拟场景预设的实验等。实验的设计和实验的环境选择要经过科学的论证，许多情况下，实验的环境往往会影响实验的结果。例如，如果我们要观察一个人使用冰箱的动作对冰箱设计中人机关系的影响，那么，就必须要在被试验者完全放松或不知情的情况下进行。

第三，将弹性设计和适度设计理念灵活地运用到产品设计中。弹性是一种可变性，是在刚性与柔性之间的一种协调，是物体围绕固有基准，保持本质特征前提下的可控变化。弹性设计强调应对外来变化的柔性活力和自身适应的能力。没有弹性就是没有余量，就意味着做什么事都没有考虑到未来的发展与变化。这种设计理念在通用化设计和公共类产品的设计课题中体现得尤其明显。

人机关系的设计研究是产品的深入设计绕不开的重要环节，有许多有经验的设计师在课题设计一开始就会将之作为设计条件列出来，把人机关系作为设计需要解决的首要问题，然后再将其他的设计要素和关系向这个中心聚焦，最后形成系统的设计。

4）产品的拓展与系列化设计

产品不是独立存在的系统，需要与周边关联的产品系统相配合、协同才能发挥其功能。在产品设计的深入环节，需要将产品纳入其运行系统中进行综合考虑。比如，在设计手机时，同样要设计手机的充电器；设计充电器时，因电源插孔的差异，还要考虑是在中国用还是在欧洲用。

产品是一个系统，系列产品是一个多极系统。产品系列化就是产品功能的复合化，即在整体的目标下，使若干个产品功能具有关联性、独立性、组合性、互换性等特性（图 2-101）：

关联性，系列产品的功能之间具有因果关系和依存关系。

独立性，系列产品中的某个功能可独立发挥作用。

组合性，系列产品中的不同功能相匹配，产生更强的功能。

互换性，系列产品中的功能可以进行互换，以产生不同的功能。

产品系列化的形式有：

成套系列。以相同功能、不同型号、不同规格的产品构成系列。尽管功能相同，各个单件的使用频度也不尽相同。

组合系列。以多个具有独立功能的、不同的产品，组成一个产品系列，即为纵向系列。这种系列类型的特点就是可互换性。

家族系列。家族系列也具有组合系列的特点，即由独立功能的产品构成系列。但家族系列中的产品，不一定要求可互换，而且系列中的产品往往是同样的功能，但形态、规格、色彩、材质上不同，这与成套系列产品又相类似。但产品之间不一定存在功能上的相关性，只有形式上的相关性。

单元系列。以不同功能的产品或部件为单元，各单元承担不同的角色，为共同满足整体目标而构成的产品系列。功能之间不可互换，但有依存关系。

产品的拓展与系列化设计在产品系统的深入设计环节占有重要的地位，它是现代产品设计的主要特征之一，也是体现产品的系统特征、实现产品的功能拓展、满足多样化的消费需求、降低生产制造成本、增加商业利润的常用手段。

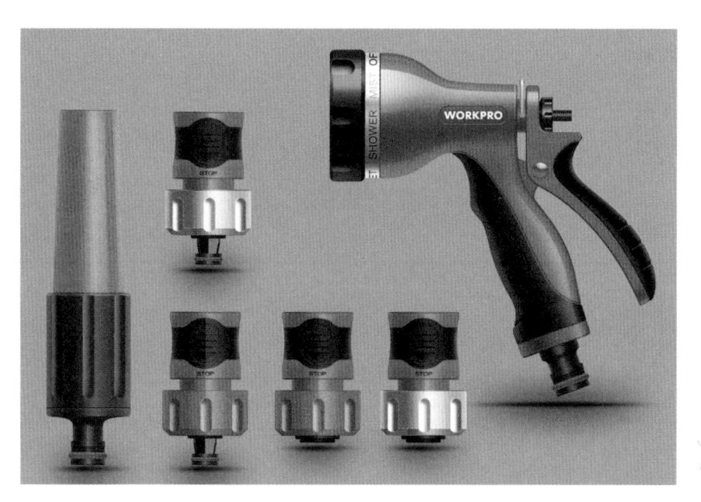

图 2-101　工具类产品的系列化特性示例（设计者：中国计量大学工业设计专业学生　林明丈）

5）产品的工程设计

产品设计的目的首先是为了根据设计图纸制造出产品，产品的工程设计是设计活动由规划、计划、设计到产品生产的必经环节。产品的工程设计是为产品的制造而开展的设计活动 。一般认为，产品的工程设计是产品工程师 PE（product engineer）的工作领域。但是，如果一个工业设计（产品设计）师不了解工程设计原理，不理解工程设计在整个产品系统设计中的地位和作用，不能很好地跟工程技术人员协同工作，那么，他所做的工作仅仅还是设计的表面工作，他的设计还不能真正地落地，他的设计也只能存在于图纸上。

工业设计（产品设计）师在产品的工程设计领域开展的工作内容要求主要包括：设计方案符合产品生产制造和装配的工程要求，设计细节与配件符合产品标准要求，设计方案及细节符合经济技术指标要求，设计文件能够跟产品工程师形成无缝对接等。

现在，众多的工程设计软件为工业设计（产品设计）专业的学生在产品的工程设计方面提供了较好的学习工具。在这些工具软件中，既可以很好地实现三维模型的制作，又可以跟产品工程师形成工作上的无缝对接，还可以跟模具制造企业实现交流和互动。图 2-102 是工业设计专业学生用设计工程软件进行设计时的三维模型作业截屏。

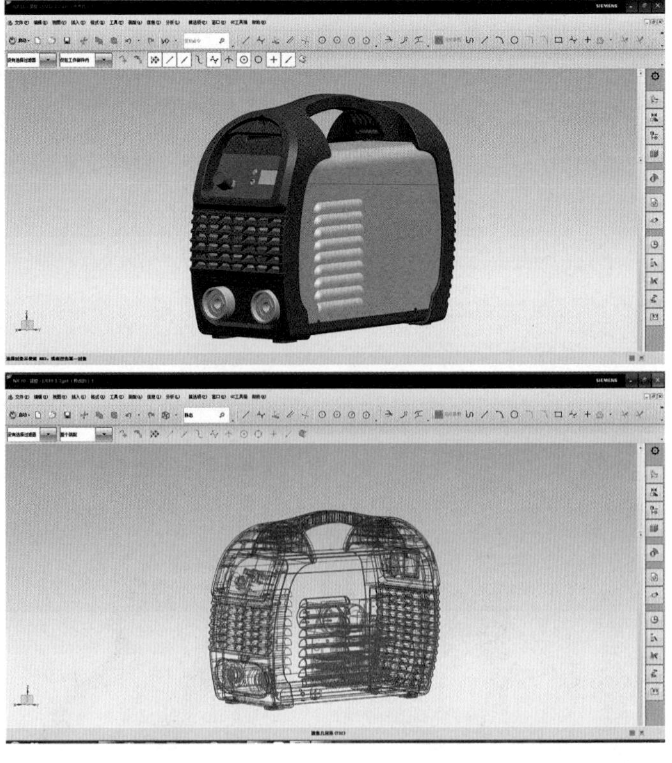

图 2-102　结合产品工程设计的产品设计方案示例
（设计者：中国计量大学工业设计专业学生　陈健）

（2）案例解析

产品在生产制造前的设计都应该在产品的深入设计环节完成。它包含了上面所提到的几个主要方面，但又不仅仅是局限于这几个方面。作为一个工业设计（产品设计）工作者，更多的系统性的工作是在不断地协同过程中完成的。

如图 2-103 这样的手持式电动工具设计，在深入的形态设计环节中，A 与 B 方案的比较不仅是造型语言上刚毅与柔和之间的区别。从手柄的斜度设计差异上，我们可以看出对目标用户群体的不同细分。A 方案的使用者明显要比 B 方案的使用者手持使用工具时的用力要大，这是通过产品形态设计来设计使用者的行为方式的典型案例，也是目标用户群体细分后在产品形态设计上的具体体现。同时，再看两个方案的结构变化，A 方案的主体结构分块是前后组合方式，B 方案的主体结构是左右组合方式，这两种方式的差异跟外壳内的电机功率、散热排风的方式又是密切相关的，A 方案的电机功率要比 B 方案的功率大、散热要求也比 B 方案的要求要高。再从产品与人的人机关系来看，由于目标用户群体的细分导致的人体数据存在变化，不管是在手持部分的形态、表面处理、结构方式上发生的变化，还是在工具头更换方式设计中考虑到人与更换头之间关系上的变化，都可以看出设计者对用户画像后的差异化需求的设计处理。而所有的这些工作都不是工业设计师能够独立完成的，都必须要与产品相关方的不停沟通之后才能达到的设计深入，也与设计者的实践经验密切相关。

图 2-103　深入设计后的电动工具（设计者：中国计量大学工业设计专业学生　林明丈）

（3）设计深入实训

设计的深入是建立在对课题的深入研究、对目标用户群体的深度了解、对技术的谙熟、对生产制造环节的交流沟通基础上，结合过往设计经验与知识积累的设计进阶。当然，在学生的课题设计深入阶段不可能以成熟的设计师的要求衡量教学效果，而应该将重点放在设计的研究与探索精神的培养上。故此，在设计的深入设计实训阶段主要注意如下：

1）重点要求明白设计深入的方向。也就是说，一个课题的概念草图方案出来之后，要知道下一步该往哪些方面去深化。

2）学会如何去进行深化设计的方法。深化设计的方法可以是针对某一方面的问题先开展，也可以以课题总体推进的方式进行。比如，可以先以产品的形态研究为切入点，从哪些点开始深入？怎么进行深化设计？产品的形态是怎样形成目前这样的？接下来的设计与哪些因素有关？……当形态研究达到一定程度的时候再将结构因素加进来，然后是其他的因素加进来。在把握进度要求的同时可以就某一专题进行探究式讨论与调研，也可以请有经验的专业设计师参与教学指导。

3）提出探究式学习的要求。探究式学习首先是学习兴趣，就课题的深入设计提出几个问题，要求学生自主去寻求解决问题的方式。比如，筷子的尾端形态一般是锥形的，为什么？

2.4.3 设计的表现

实训课题名称：设计的综合表现

教学目的：设计表现是设计最后效果的呈现，通过这一环节的训练，使学生了解设计表现的主要类型以及它们的优势，理解设计的综合表现在整个设计活动过程中的重要性，掌握常用的设计表现手法，锻炼设计表达与汇报交流的能力。

作业要求：用熟悉的软件制作设计效果图、基本结构图、综合汇报文件（PPT/视频文件）、设计报告书等。

评价依据：1）设计的综合表达效果如何，细节、材质、色彩、工艺要求等的表达是否充分；

2）设计报告的架构与逻辑性如何，报告内容是否能反映整个产品系统设计的系统思维、系统工作过程；

3）新的设计表现方式的运用也可以作为一个参考指标。

（1）关于设计的表现

设计的表现是最后将设计的成果表达出来的方式。产品系统设计最后呈现的结果是多样的，包含了传统的产品、系统的架构、平台的模式、运行的机制、配套的服务等方面。因此，系统设计的表现应该是综合性的、多样性的。常用的表现方式有：产品效果图、产品设计细节图、产品工艺设计文件、产品线的规划设计报告、产品系统设计报告、产品的设计模型、产品设计的影像等。可以是文字的、图文结合的、软件演示的、模型展示的、影像视频等多媒体演绎的（图2-104、图2-105）。

设计综合表现的目的是：

①准确地传达设计理念。设计理念是产品系统设计的灵魂，也是设计师与目标用户群体之间沟通和互动的基础。在产品系统设计综合表现环节对设计理念的表达往往会成为设计师考虑的首要重点。一般情况下，设计理念的表达会贯穿设计表现文件的始终。

②完整地呈现设计过程。许多设计师在一般情况下不太愿意向外界展示其设计过程，这其中有多方的原因，但是，设计过程是设计思维演进的最生动的体现，通过设计过程的展现，也许会帮助目标群体更好地理解设计内涵。同时，对于工业设计（产品设计）专业的学生来说，设计过程的展现也是一个难得的自我回顾与总结的环节，对专业能力的提升大有裨益。

③生动地阐述设计内容。很多情况下，关于设计内容的阐述总会给人以一种干巴巴的说明文式的感觉，如果在设计内容的阐述上不能引起目标群体的兴趣，那么，设计的精髓就不能很好地体现出来，设计者的独到匠心也许就不能很好地被感知。

④科学地揭示设计原理。在设计的综合表达中，可以调用一切手段，从不同的角度将设计原理浅显易懂地传达给目标群体。有时候，看似复杂的原理，通过表现方式的调整，往往会很容易地取得超出预期的效果。比如，多媒体互动视频的表现方式就很容易将复杂的原理解说清楚。

⑤精彩地展示设计效果。设计的最终效果，是设计团队长时间的心血和智慧的结晶，是设计团队关于系统目标设定下专业设计水准的集中体现，如何精彩地展示出来，不仅关系到设计团队与目标群体之间的沟通与互动，同时，也是促进设计团队的专业自信、专业成就感的具体体现。我们常常会看到许多设计师为最后的设计效果展示而策划颇具创意的发布环节。

图 2-104　传统的产品设计三维效果图的设计表现形式（设计者：中国计量大学工业设计专业学生　林明文）

图 2-105　多媒体互动演示视频的设计表现形式（作者：叶晓辰、周一苇、赵蕙、张卉、陈姣）

（2）设计综合表现实训

因为传统的产品设计是实体的产品，所以在表现形式上一般都以三维效果图的形式出现。一方面是因为在现代实体产品的最后都是通过模具实现批量生产制作，模具的制作本来就需要产品的三维模型；另一方面是因为立体图片式的模拟效果展示从原来的手绘效果图时期就一直延续下来，已经成为比较直观地展示设计效果的惯例。但是，现代产品系统设计可能涉及的课题不再是一个单一的产品，有可能是一个复杂的体系，还可能包括相关的平台架构和运行管理机制，传统的效果图 + 版面的图文结合的设计表达方式就会显得有些力不从心。因此，在设计综合表现实训环节，建议根据设计课题最后效果展示的需要，采用多种方式结合的设计综合表现方式。现代制造已经从传统的工业制造方式正在向数字化、智能化制造方式转变，现代传播方式也在由传统纸媒载体的图文传播方式向流媒体、融媒体的方式转变，设计的表现方式也应该在适应这种转变的同时，探索更具设计表现力的表现形式，将更加复杂化的设计对象以更精彩的方式系统地呈现在目标群体和大众面前。

2.5 产品系统服务设计

服务设计是以客户某一需求出发，借助客户参与、以人为本、创造性的方法，确定提供服务的内容与方式的过程。在设计学的发展过程中，服务与设计两个概念相结合是一个较新颖的领域。服务设计是一个系统工程，主要研究将设计学理论、方法系统地运用到服务的定义、规划及创造中，其内容包含四个方面：

一是需求挖掘，即明确服务内容；

二是用户定义，即明确服务对象；

三是流程规划、技术分析，即明确服务流程及实现技术；

四是为整个服务系统构建一个实现服务的载体。

即服务设计的最终输出形式是多样的，它有别于传统的产品设计，可以是有形的产品，无形的软件、界面、环境、体验，或两者结合。

20世纪90年代初，关于服务设计的定义、设计原则、设计流程、设计方法与工具的研究逐渐兴起，产生最初便与工业设计密不可分。1984年，Shostack首次提出将有形产品与无形服务相结合的设计理念。2004年，欧洲多个高校建立服务设计网络，展开学术研究。2008年，芬兰阿尔托大学建立了服务工厂，致力于服务设计的全过程研究。国际设计研究协会联合会（IASDR，the International Association of Societies of Design Research）对服务设计给出的定义是：服务设计是从客户的角度来设计服务，目的是确保服务界面。目前国际上与服务相关研究主要从服务营销、服务管理及服务过程控制等方面探讨，其中服务科学、产品服务系统和服务工学三大特色领域备受关注。

后工业社会是以服务为基础的社会，产品生产经济逐渐转变为服务性经济，设计的对象不断拓展，由有形的产品转变为无形的服务，从单一的触点转变为系统整体的规划。服务设计是一个系统的解决方案，包括服务模式、产品平台、交互界面、商业模式的一体化设计，其对当今快速发展的服务业带来巨大影响。

2.5.1 服务定义

辞海中服务的定义是“为集体（或被人的）利益而工作”；汉语词典对服务的解释是“为他人做事，并使他人从中受益的一种有偿或无偿的活动”。为便于集体自助养老服务系统方案的讨论，需明确服务方案的定义和内涵。服务最显著的特征是其具有过程属性，表2-1中列出了服务方案的几种典型定义。这些文献主要是从什么“what”和怎样“How”两个方面定义服务方案的。“什么”是指服务根据市场需求提供给顾客的内容，而“怎样”是指如何通过一定的服务流程将服务内容提供给顾客。在服务设计中明确“什么”（服务需求）和“怎样”（服务流程）及处理好两者的关系是非常重要的[①]。Tomiyama及Shimomura定义服务是提供者（照顾人员）借助服务内容和服务交付促成接受者（被

① Roth, A. V., Mendor, L. J. Insights into service operations management: a research agenda[J]. Production and Operations Management, 2003, 12(2): 145-164.

照顾人员）状态改变的活动，服务内容可能是材料、信息、技能、方法等，服务交付用于控制、传递、转换服务内容，服务内容由提供者通过服务交付提供给接受者，两者同等重要。Sasser 等从“什么”和“怎样”结合的角度来定义服务是由服务流程在服务生产中的特殊角度决定的。

服务方案定义 **表 2-1**

时间	作者	服务方案定义
1996 年	Edvardsson & Olsson[①]	服务是提供“什么”和“怎样”来满足顾客需求
1999 年	Lovelock et al.[②]	服务方案包括顾客收益的服务买卖方案及服务交付的服务运作方案
2000 年	Grnroos[③]	服务方案是一个或一系列发生在顾客与商品、资源或服务系统提供商之间无形的活动，形成顾客问题解决方案
2002 年	Goldstein et al.[④]	服务方案包括提供服务的战略及该战略如何执行

2.5.2 服务设计流程与方法

（1）服务生命周期

为了提供优质的产品或服务，我们需要一套方法、活动体系保证服务的质量，该体系称为质量运作系统，它包括服务的全部规划和系统化的活动。对任何产品或服务，它的寿命包括概念、开发、使用和处置等阶段，我们称之为产品或服务的生命周期，如图 2-106 所示是一张典型的产品 / 服务生命周期流程图，它包含从提出想法到废弃服务的生命周期。

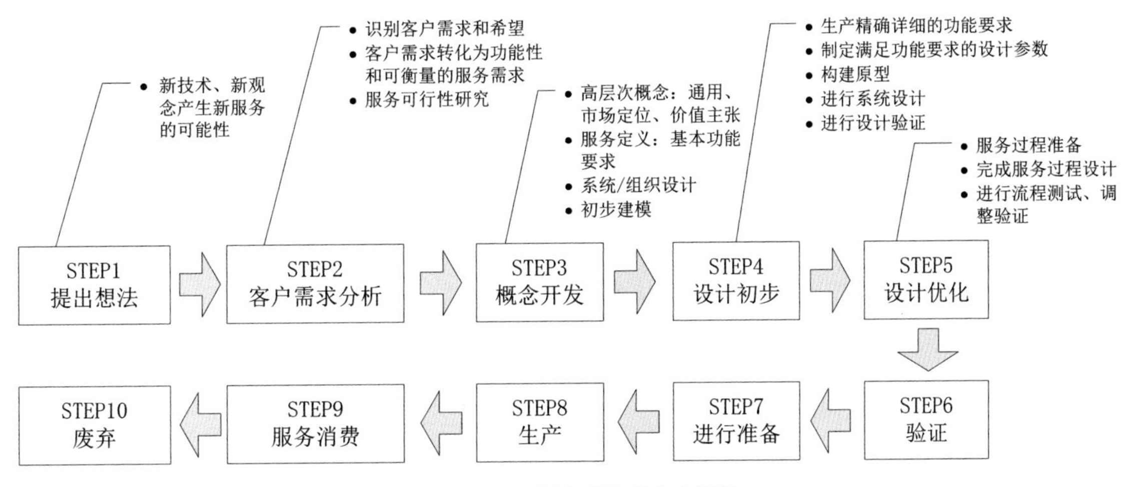

图 2-106 产品 / 服务的生命周期

① Edvardsson, B., Olsson, J. Key concepts for new service development[J]. The Service Industries Journal, 1996, 16: 140-164.

② Lovelock, C. H., Vandermerwe, S., Lewis, B. Services Marketing: A European Perspective[M]. Harlow: Prentice-Hall, UK. 1999: 27-30.

③ Grönroos, C. Service management and marketing: A customer relationship management approach[M]. NewYork: JohnWiley&Sons, Ltd. 2000: 45-50.

④ Goldstein, S.M., Johnston, R., Duffy, J. A., Rao, J. The service concept: The missing link in service design research?[J]. Journal of Operations Management, 2002, 20: 121-134.

Step1：提出想法。新技术、新观念会产生新服务的可能性，在此阶可以提出几种可能性。

Step2：客户需求分析。此阶段识别客户需求，并将客户需求转化为功能性和服务需求。

Step3：概念开发。开发各种概念满足前面步骤的功能要求，可以利用 TRIZ 工具创新概念。

Step4：设计初步。优先化的概念要求必须转化成具有具体规格的设计参数。

Step5：设计优化。具体设计形成并进行仿真测试，利用各种方法、技术等进行优化。

Step6：验证。制造原型，通过多次迭代使原型尽可能接近最后使用条件的环境及尽可能承受更多“噪声”，并对原型测试结果进行最后调整，以保证服务过程是最好的且符合客户期望的。

Step7：进行准备。在生产环境成功验证的基础上，设计团队将评估全部过程基础设施和资源的准备状态，仔细规划和理解所要求的行为，此阶段对设计过程成功转移到生产过程极为重要。

Step8：生产。此阶段要采取适当的控制措施以保证设计如期执行，并尽快在失效模式和影响分析（FMEA）后解决异常问题以减少任何有关过程的错误。

Step9：服务的消费。了解服务消费和支持的总生命周期，对规划适当的基础设施和步骤来说极为重要。

Step10：废弃。所有产品和服务最终都会变得过时或老化，或被新方法、新技术替代。而且客户属性动态变化、循环性质决定了服务要不断改进才能保持客户期望值。

（2）服务构成要素确定

服务系统主要由产品、服务、基础设施、网络等四个要素组成。服务系统构建元素除了以上四种要素外，还包括一切产品和服务、服务政策、服务团队、支持系统等，该系统把企业、生产制造商、服务第三方、政府部门等众多相关群体有机结合在一起，建立实体的、虚拟的或者实体、虚拟相结合的服务系统。

服务系统构成元素众多，为了明确具体的构成要素，我们仍需从服务生命周期活动开始，分析服务包含的过程与活动，使用服务生命周期责任表，得到服务系统具体构成要素。服务生命周期责任表格式如表 2-2 所示，其中服务人员、被服务人员的活动或责任、产品和服务是必备要素，其他要素可根据具体内容增减，表中列的排列顺序不影响表值。

服务生命周期责任表格式 **表 2-2**

被服务人员活动或责任	服务人员活动或责任	产品	服务	目标和要求	产生的服务	基础设施	参与者	困难与问题	……
……	……	……	……	……	……	……	……	……	……

（3）服务元素层次模型

为了提出更好的服务设计方案，我们可以采用简单的图形和文字形式，对服务系统构成元素进行分类分层，即从用户层（被服务层）、服务人员层、设计层及资源层建立服务元素层次模型，如图 2-107 所示。用户层要考虑用户在服务过程中的服务需求，服务人员层包括服务生命周期所有参与者，在设计层，核心产品、核心服务受服务类型选择的影响；在资源层，要分析不可见的资源建立。

服务元素层次模型虽然包含了服务过程所有构成元素，但并没有建立各元素之间的关系，存在无法描述服务生命周期内用户层、服务人员层、设计层、资源层之间的关系不足。在服务元素层次模型的基础上还需要结合服务蓝图法及服务结构模型，实现服务生命周期各层次的可视化定义。

（4）服务活动蓝图

服务蓝图是提升服务质量的一项管理技术，是基于流程图的服务设计工具，其应用研究主要集中在服务质量、服务创新与开发、服务效率等三个领域。服务蓝图是从顾客的角度看待服务过程，这是其与其他流程图最显著的区别所在。服务蓝图包含四类基本元素，即 4 种行为、3 条行为分割线、行为链接的流向线及放置在顾客行为上方的有形展示，如图 2-108 所示。4 种行为依次包括：顾客行为、前台服务行为、后台服务行为、支持行为，3 条分割线依次是：互动分界线、可视分界线、内部互动分界线。

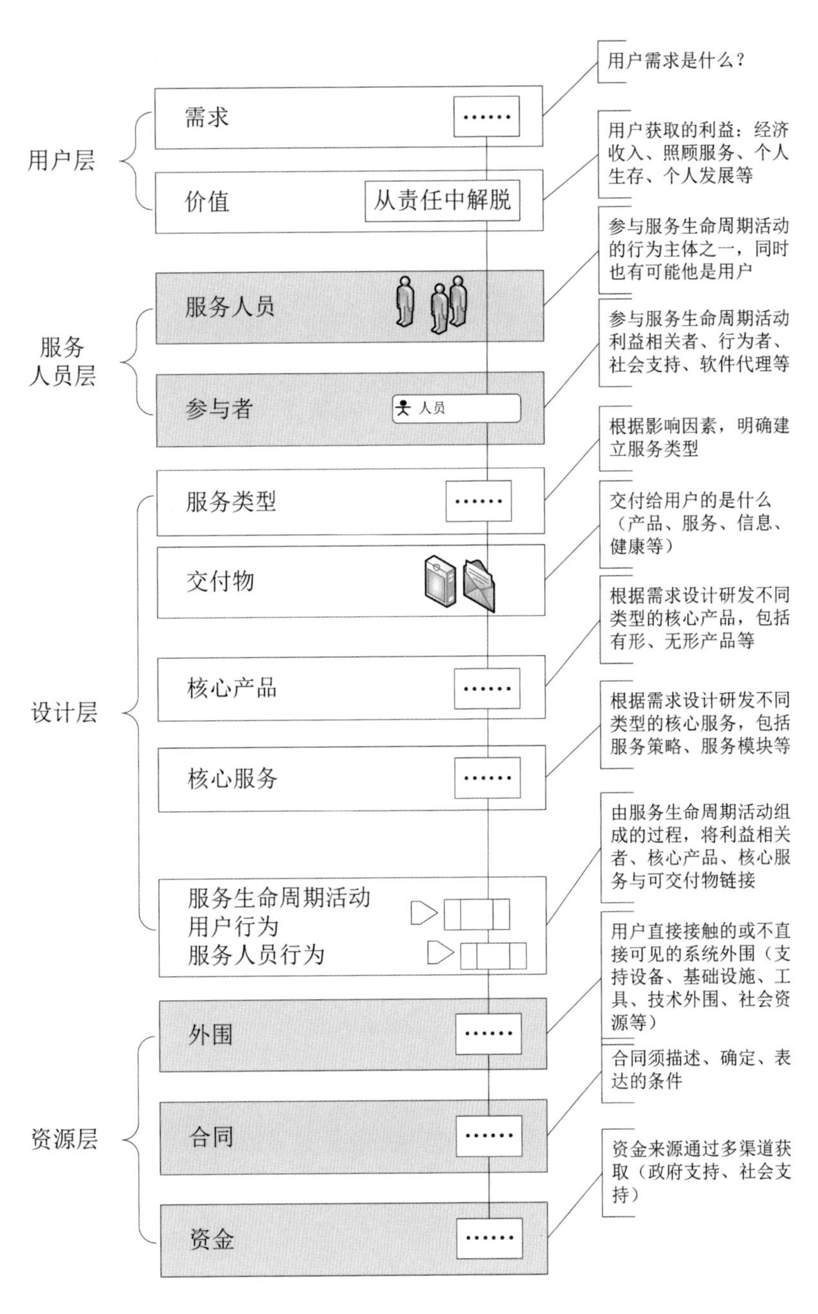

图 2-107　服务元素类型层次模型

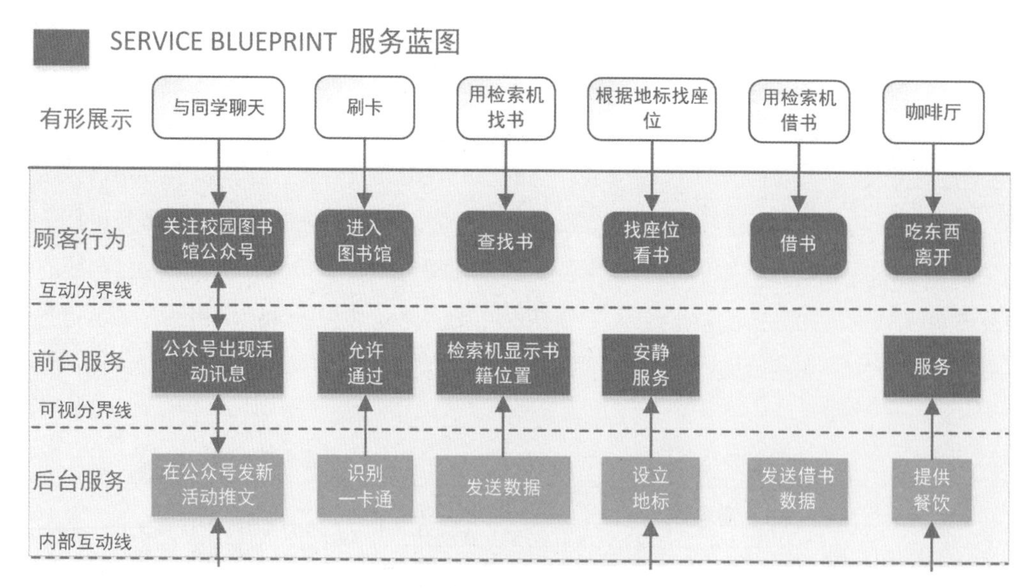

图 2-108　传统服务蓝图

在服务设计中使用服务蓝图时应注意蓝图中所包含项目，可根据需求增加及根据绝大多数情况来规划相关活动等。服务蓝图并未体现出产品对顾客及相关利益者的支持与影响，在服务蓝图基础上增加产品系统，即建立服务活动蓝图，如图 2-109 所示。

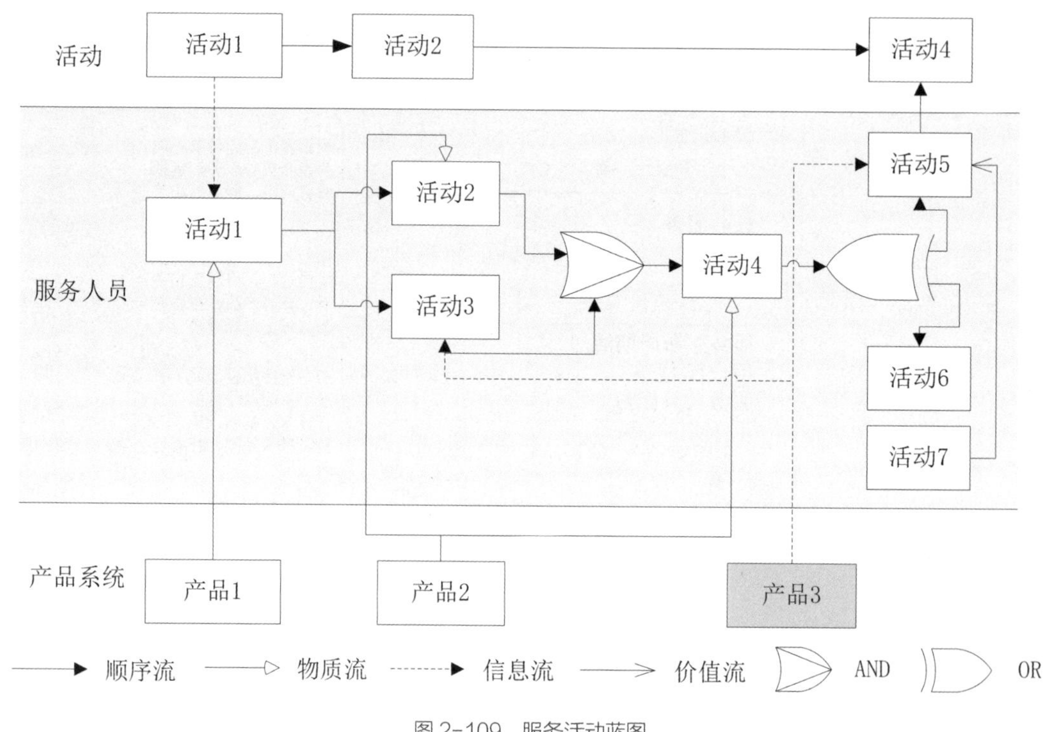

图 2-109　服务活动蓝图

（5）服务结构模型

服务元素层次模型反映了服务构成元素，服务活动蓝图说明了服务生命周期活动关系。在服务元素层次模型基础上，结合服务活动蓝图，补充说明服务活动、产品系统及外围支持之间的关系，形成了服务完整结构模型。以老年人日常线下超市代购、陪购服务为例，其服务结构模型如图 2-110 所示。

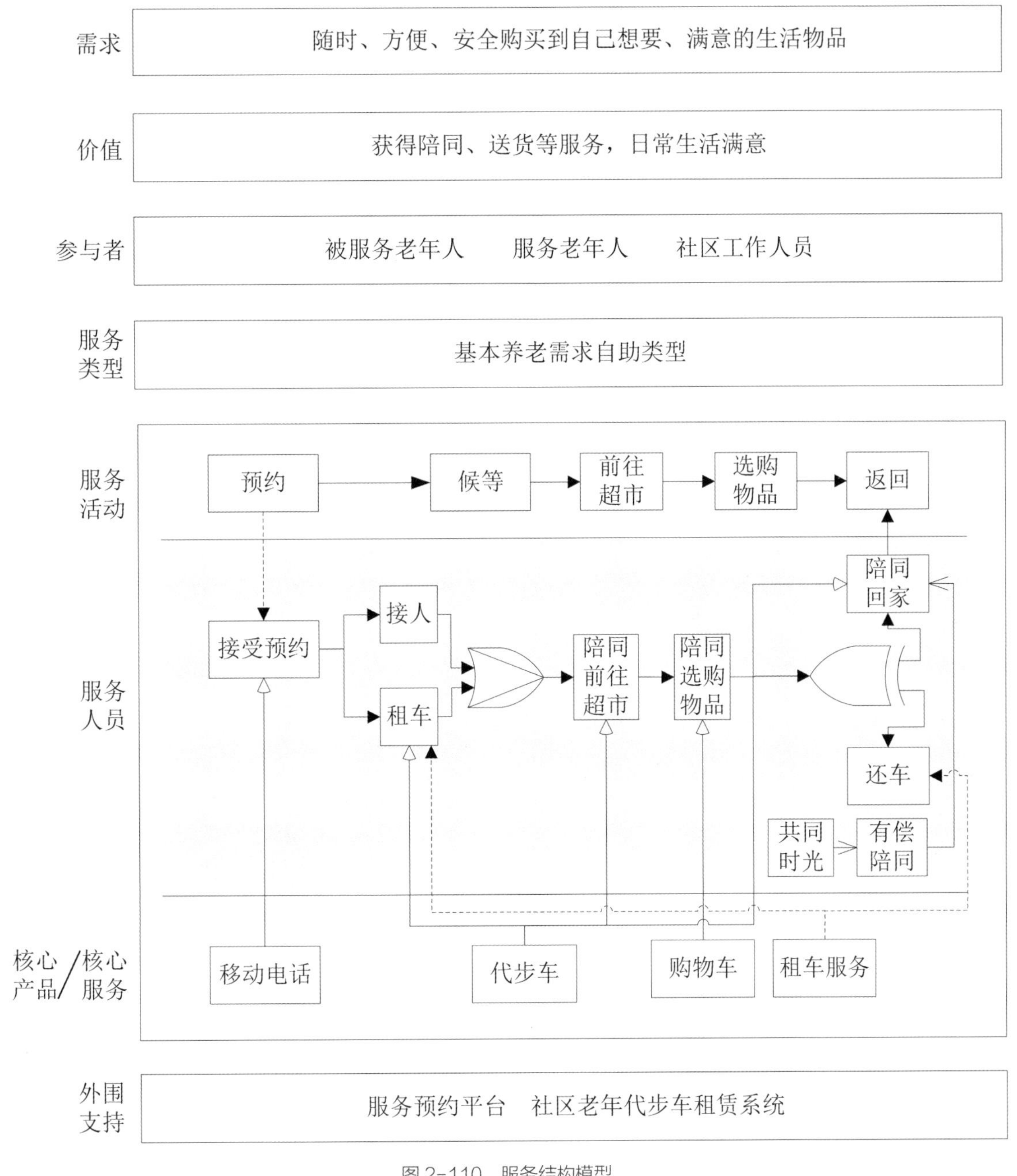

图 2-110　服务结构模型

模型中代购陪购服务构成元素按层分类，清晰易懂、一目了然，服务活动蓝图将该服务活动参与者、核心产品及外围基础设施链接起来，描述了活动发生顺序、物质、信息及价值的流向。

2.5.3 服务设计原则

服务设计原则包括六点，如图 2-111 所示。

（1）以用户为中心

以用户为中心就是时刻从用户的角度思考问题，从服务开始到服务结束可能出现的各种情况，特别是在出现突发状况或者人力不可抗拒的自然灾害时的应急方案，如面对航班延误时航空公司怎样给乘客更多及时有效的关怀，而不只是解释延误的原因，乘客需要的是延误后面发生的贴心服务。那怎样才能做到“以用户为中心”呢？其实也很简单，就是给用户真正想要的、易用的、可用的、好用的产品及服务。

（2）共同创造

共同创造是服务设计的核心理念，它强调包括设计师在内的各利益相关者的协同合作精神。在整个服务发生的过程中，服务方和被服务方均要融入共同创造的过程中，其目的是寻找解决问题的最优解。

（3）接触点

触点是服务设计中一个重要的概念，是在服务过程中服务方和被服务方之间发生一系列互动的交集点，包括视觉、触觉、嗅觉、听觉、味觉等各种形式，服务设计就是将整个服务过程中一个又一个触点连接起来，进行系统的整合创新，使用户感知服务内容、获得服务体验。接触点类型众多，主要分：物理触点、数字触点和人际触点。例如看电影购票，你可选择自助售票机、前台现金及银行卡等购票，这些能看得到、摸得着的实物属于物理触点，用户通过自助购票系统的界面和移动支付的过程属于数字触点，在购票过程中有服务人员帮助你如何购票和取票，诸如前台、保安等服务提供者属于人际触点。接触点存在服务前、中、后的各阶段，每个触点都为用户传递感受，发挥不同作用，它有可能使我们非常感动，获得良好的体验，也有可能使我们非常气愤，感觉糟糕，服务设计要做的就是增加必要触点，删减多余触点，提高触点的满意度。

（4）连续的

服务是某一时段内动态连续的过程，任何服务都是连贯的，用户所有的体验贯穿在整个服务过程中。如开车前往某一餐厅用餐，从泊车、门厅接待、就座、点餐、等餐、用餐、结账、离开等各环节，涉及各部门工作人员，这些触点建起一个连续的用户体验，对用户而言只有连续不断的优越体验才是完美的用餐服务，而这需要各部门工作人员全力配合才能达到，正如木桶的短板道理一样，体验最差、评价最低的触点决定了用户对服务满意度的最终评价，因此服务设计需要站在用户的角度将产品和服务有效的连接起来。

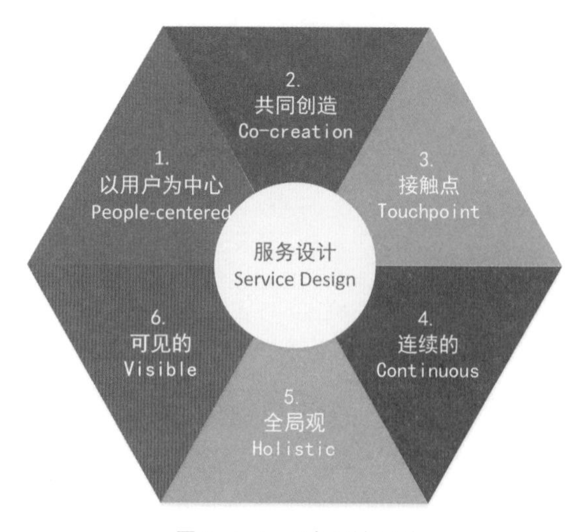

图 2-111 服务设计原则

（5）全局观

在服务设计中用户会通过多维度的触点体验服务的过程，因此木桶短板原理告诉我们服务设计要从全局上把握细节，将每一次用户与触点的互动感受考虑在内，提供最优的解决方案，才能为用户带来完美的体验。

（6）可见的

服务是无形的、不可见的，借助视觉化的语言（图形、界面等）将不可见的服务呈现出来就是服务设计的"可视性"原则。有很多工具、方法可以将服务设计视觉化，包括常用的用户旅程地图（Customer Journey Map）、服务蓝图（Service Blueprint）、故事板（Storyboard）、用户画像（Personas）等。

2.5.4 服务设计与交互设计、用户体验设计的区别

交互设计是定义两个或多个互动的个体之间交流的一系列动作和行为，努力去创建人、产品及服务之间有意义的关系，共同达成某种目的。

服务设计和交互设计最本质的区别是：交互设计最终呈现的形式总是跟界面有关，如移动端、Web 端或智能屏等，都要落到一个可见的、可操作的区域内。而服务设计重在发现问题和定义问题，强调思维的开放性，通过思维创新去创造更多可能性，包括附加价值、用户体验及商业模式等。

用户体验设计关注用户与服务触点产生的交互行为，大多基于服务中的一个或多个触点。而服务设计强调用户体验，是定义和解决一个服务系统的问题，关注的是前台与后台的协作，更关注整个体系的高效高速运转。用户体验设计可以说是服务设计前台中的一部分。

以星巴克咖啡为例，用户体验设计考虑的是用户从进店到出店整个过程中的购买、落座享用流程，以及其线上星享卡的购买流程等。服务设计要考虑的除了上述的用户体验旅程（Customer Journey）之外，还要考虑咖啡师在工作区的工作流程，店内咖啡杯的回收、清洁工作，星巴克单一门店的货物储备，甚至整个星巴克的供应链与自己门店关系等。服务设计不仅要考虑 What——给予用户的服务是什么，还要考虑 Who and How——给谁服务及怎样提供用户想要的服务。

同样在 7-Eleven 当中，用户可以在这个"麻雀虽小、五脏俱全"的 24 小时营业便利店找到各种你想要的日常生活用品，且每一类至少有个选择，7-Eleven 同时不断有新的、多元化口味的速食、热食推出，给顾客带来惊喜，以及提供各种国际接轨的快捷支付方式（如在泰国 7-Eleven 可以用支付宝支付）等，这些都给顾客带来良好的购物体验，是需要体验设计考虑的。而服务设计还要在此基础上考虑"如何引入"及"引入什么"更多便利服务以满足不同商区顾客的需求，如引入自动汇款提款服务、复印服务、传真服务等，这会大大提升顾客对 7-Eleven 的服务满意度，这也正是 7-Eleven 与传统便利店的区别和特色所在，使其成为全球最大的零售集团。如何更新服务内容，更替服务项目则需要用创新的思维，站在全局的角度思考顾客真正需要什么样的服务，并且还要保证高效、顺畅地提供服务，这些都是服务设计需要做的。

2.5.5 服务设计实践

1. 设计课题 1：智能家居产品服务系统设计

（1）课题要求

智能家居产品借助互联网 +、物联网与计算等技术，将智能家电互联互通，解放人们身体的同时也给人们带来精神上的享受，给人们创造一个优质、健康的居住生活空间，因而智能家居产品备受各行各业关注，包括美的、海尔等老牌的传统家居企业、发展势头迅猛的互联网科技公司（小米、百度等）及电商平台（京东、天猫等）。新技术改变了传统家居产品在人们生活中承担的角色，如何重新定义家居产品？如何从系统的角度、用创新的思维考虑人们怎样能随时随地地享受到智能家居产品带来的服务，将人、产品、环境和服务有机融合在一起，提供生态居住环境，这正是本课题需要解决的问题。

（2）案例解析

1）小葱智能：智能家居整体解决方案

国内目前涉足智能家居领域的企业不胜枚举，智能家居产品也数不胜数，如米家涵盖健康、安防、穿戴等 9 个热门智能家居产品类别，京东微联有一千多个智能家居产品。而与小米、京东等众多企业只做单品智能家居产品不一样的是：小葱智能要把整个家庭的智能家居单品连接起来，设计全屋智能家居解决方案，建立智能系统，带给人们更好的服务体验，如图 2-112 所示。将所有智能家居单品连接起来并不简单，需要在供应链方硬件里嵌入芯片，并根据硬件产品类别设计不同的功能点。在小葱智能全屋家居系统中，手机、平板电脑、墙上开关，甚至浴室里的镜子都可以控制家电，当烟雾探测器检测到火灾时，小葱智能第一时间紧急推送到手机上，并联系到小区物业或直接报警，充分体现智能家居的价值及人、机、环境和服务的融合，让用户无处不在地享受到科技带来的贴心服务，如图 2-113 所示。

图 2-112 小葱智能家居整体解决方案

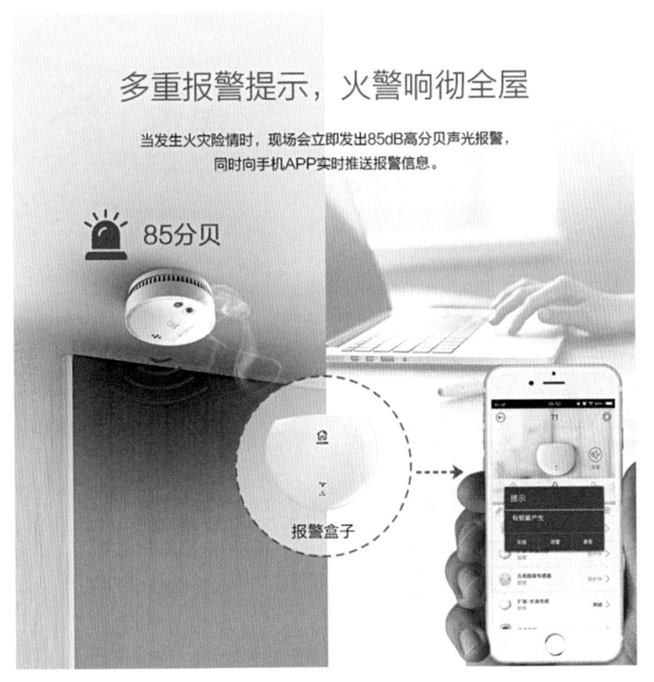

图 2-113　小葱智能与豪恩合作设计的烟雾探测器

小葱智能与其他智能家居企业差异化发展，并从中脱颖而出在于其时刻以用户为中心，将用户在居家生活中的单个需求痛点连接起来，形成需求面，并面向诸如阿里巴巴、京东、万科、美的、鸿雁等标杆 B 端用户提供系统整体的解决方案，由标杆用户辐射到大量的 C 端用户，由此获得更多用户反馈，进而提升用户体验、优化设计方案，同时强调了服务设计以用户为中心及全局观的设计原则。

2）京东智能冰箱：家庭饮食智库

冰箱作为传统家电产品，自诞生起近百年的时间，其发展主要集中在保鲜、节能等基本功能研究上，冰箱发展真正有全新的突破是近几年以服务设计思维倡导的智能概念的引入。所谓的智能冰箱就是冰箱能自动切换模式，对食品进行智能化管理。人工智能技术的发展促使“智能化”和“个性化”成为未来冰箱的两大关键特征。2017 年京东结合自身平台优势，联合各大冰箱厂商设计多款智能冰箱，其中京东和美的联合设计开发的智能冰箱内置双摄像头及图像识别技术，能识别、管理食材，并对冰箱重新定义：冰箱不再是存储食材的机器，而是未来家庭食品健康与服务中心，如图 2-114 所示。从这款冰箱的命名“家庭饮食智库”可知，冰箱设计定位从有形的产品设计转化到无形的服务设计，面对未来家庭人口结构转变、家庭生活新常态、新的生活方式，人们对饮食提出了营养、健康、多元化、个性化等众多需求。对于冰箱，用户关注的不仅仅是食材的存储，而想知道更多有关饮食的信息及相关的后续延伸服务，如用户想知道的是食材是否过期，如果过期或者即将过期智能冰箱给出怎样的处理方式？同理提醒用户冰箱缺货、需要及时补货，这里已经是个感动点了，但用户更感兴趣或更想获得的是冰箱能根据用户喜好自动填满冰箱，如图 2-115 ~ 图 2-119。这也充分体现产品设计和服务设计的差异性，产品设计人机之间是单向的，用户与产品之间有关联，但没有互动性，服务设计人机交互性强，强调产品带给用户的体验和满意度。

图 2-114 京东美的智能冰箱

图 2-117 冰箱食材缺货提醒

图 2-115 冰箱食材过期提醒

图 2-118 冰箱智能饮食管理，根据现有食材合理安排饮食

图 2-116 冰箱个性化服务（内置京东购物服务，在冰箱上快捷购买享受京东特别优惠）

图 2-119 智能冰箱亲情关怀

（3）知识点

1）服务设计原则内涵的理解、实际应用。服务设计不仅关注“用户端”，同时还关注“组织端”，这也反映出为什么“小葱智能”和“京东智能冰箱”能成功的原因所在，这两个案例都体现了服务设计“以用户为中心”、“共同创造”、“全局观”的设计原则。“共同创造”的核心就是大家一起解决问题，小葱智能扮演的是“中间商”的角色，上游对接第三方硬件公司，下游对接地产、酒店、家装公司等各品牌商，京东则联合众多冰箱企业，目的都是资源整合、共同创造。

2）产品设计与服务设计的区别。由服务系统构成元素可知，服务包含产品，但不是只有产品。服务设计是在产品设计、交互设计、体验设计、视觉设计等基础上的整合设计，通过各种触点系统地创造价值。在产品设计中用户和产品之间是单一的产品体验，而在服务设计中用户可以通过触点获得多种形式的潜在价值，其中产品可以成为服务的触点。

3）服务设计为社会、产品创新提供新的思路。服务设计是一种设计思维方式，提供的是方法论，通过创造创新的商业模式、经济模式，为用户营造优质的体验，传递价值。

（4）设计实践

智能厨房系统设计

课题首先对厨房构造和流程分析、产品技术分析、周边服务分析等展开调研。在厨房构造和流程分析中，设计者按功能区域将厨房分成烹饪、存储和清洁三个大系统，再对每个系统细分，用红色标出厨房较核心的产品及分类之间的交叉部分，如图 2-120 所示。

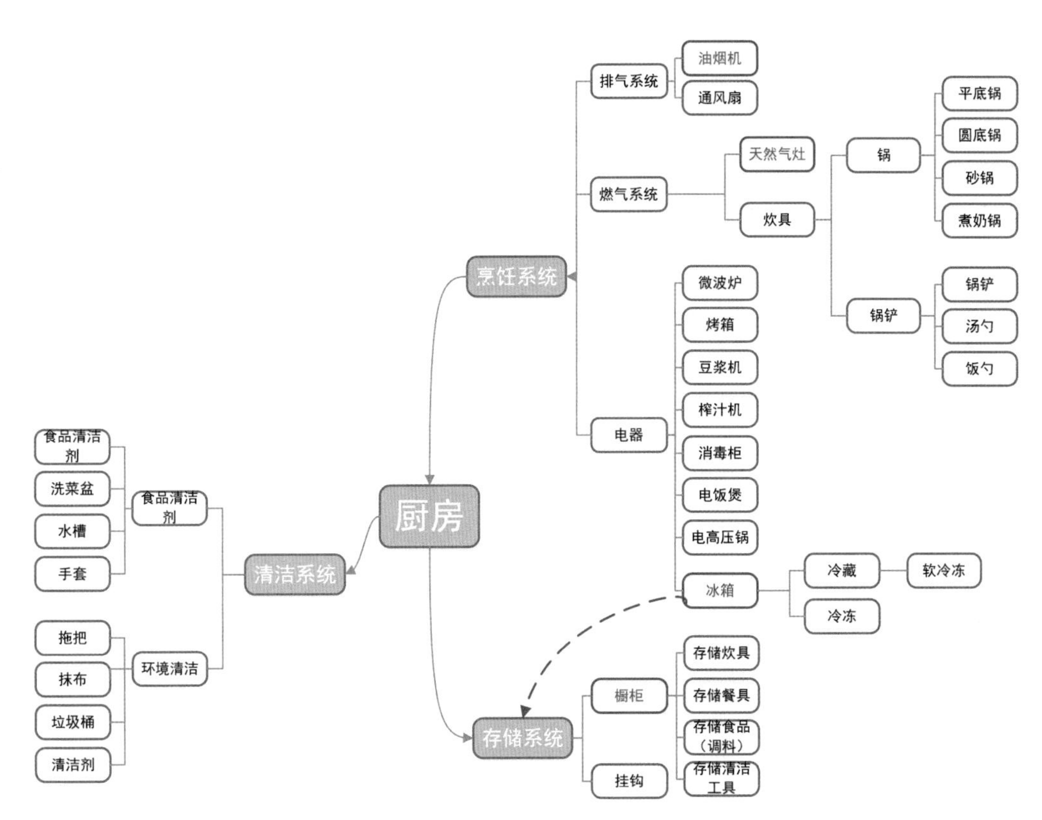

图 2-120　厨房构造分析一（作者：贺伽玮、李聪、宋珊 / 指导：肖金花）

按烹饪流程将厨房分成烹饪、清洁两大系统，如图 2-121 所示，红色标出厨房较产品及分类之间的交叉部分。将两种分类图交叉在一起，找出厨房最核心、最重要的组成部分，包括灶具、冰箱和水槽等，如图 2-122 所示。

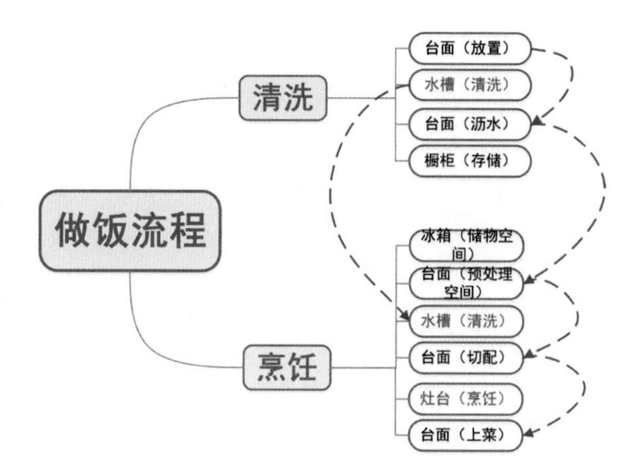

图 2-121　厨房构造分析二（作者：贺伽玮、李聪、宋珊 / 指导：肖金花）

对产品技术分析得出：现有厨房相关的产品都是基于传统家庭的，解决的是居家用户烹饪及饮食的问题，未来智能厨房系统设计应该要有新的突破。周边服务分析从食材供应、餐具提供、厨房清洁剂维护展开调研，如图 2-123~ 图 2-125 所示，同时对当前有关服务的时事热点分析，如共享经济、快速饮食服务、自带午餐等。基于以上调研，设计者提出"校园共享厨房"概念。校园共享厨房设计目标是为大学生提供一个能够自己动手做饭、环境卫生、设施齐全的共享厨房服务平台，学生可随时租赁使用，享受自己做饭、和朋友一起烹饪的乐趣，同时也为学生提供一个社交平台。该平台通过租赁及其衍生服务营利，在该平台中厨具产品的设计应具有一体化、多功能、方便使用、方便清洁、方便收纳等特点。

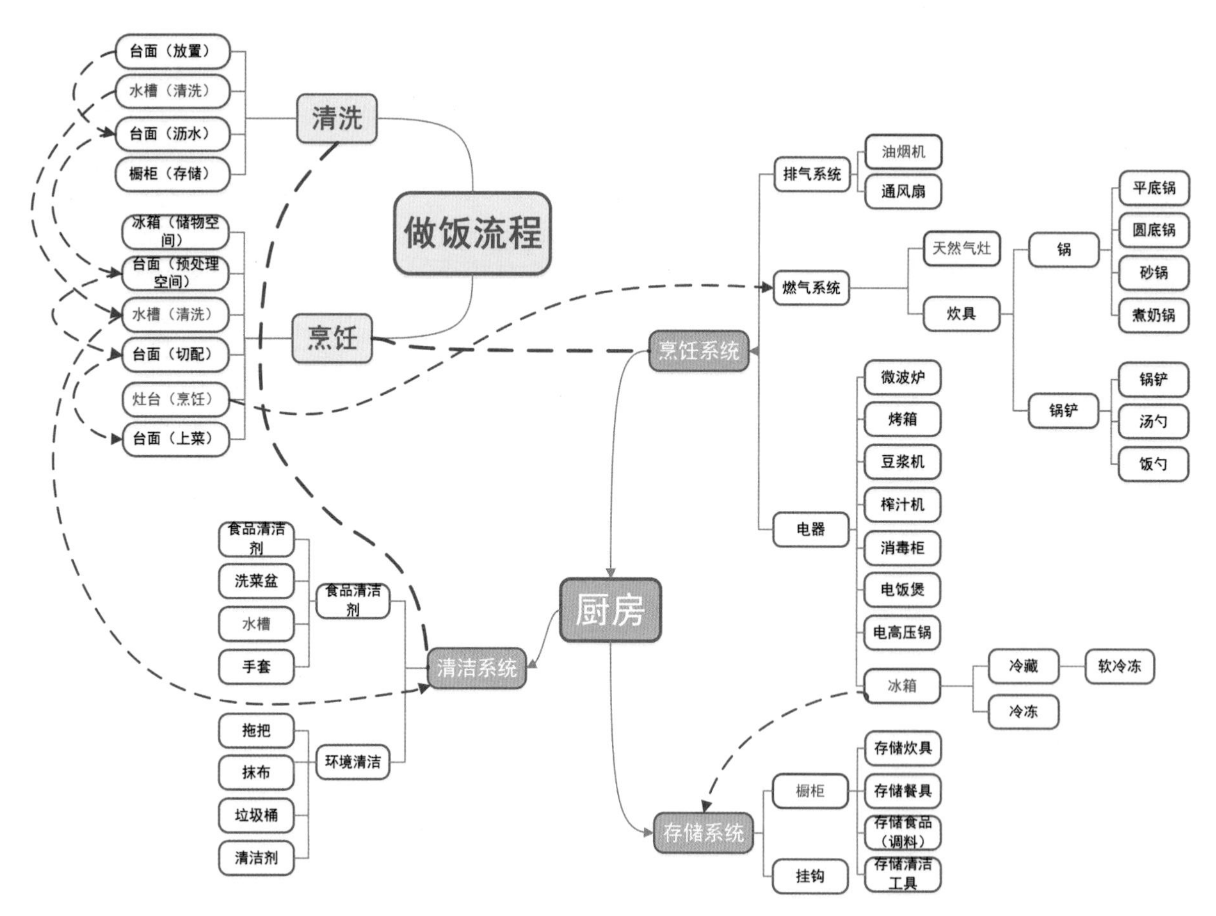

图 2-122　厨房构造分析三（作者：贺伽玮、李聪、宋珊 / 指导：肖金花）

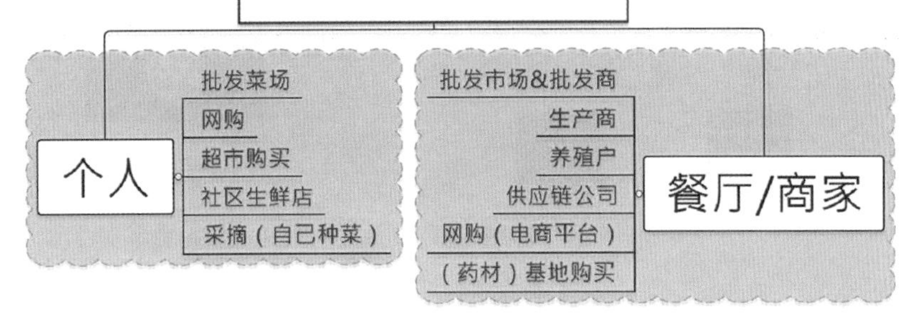

图 2-123　周边服务分析一（作者：贺伽玮、李聪、宋珊 / 指导：肖金花）

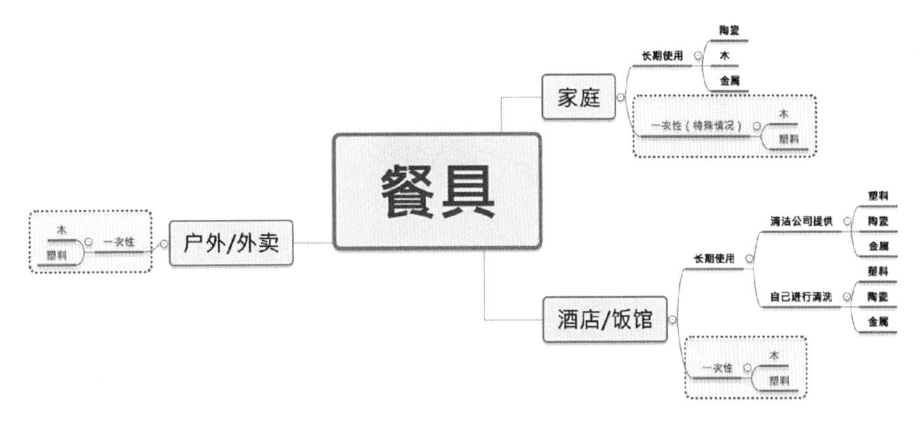

图 2-124　周边服务分析二（作者：贺伽玮、李聪、宋珊 / 指导：肖金花）

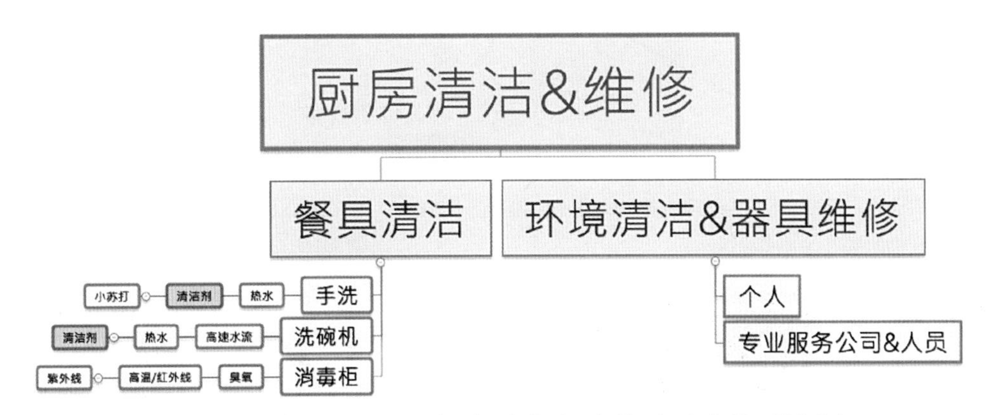

图 2-125　周边服务分析三（作者：贺伽玮、李聪、宋珊 / 指导：肖金花）

在方案设计阶段，学生首先通过 APP 在手机上进行厨房租赁预约，如图 2-126 所示，高端芝麻信用可以免租赁押金，平台提供基础灶台、特殊炊具出租、工具、餐具及自动清洁等设施服务，配有生鲜、蔬果、调料、饮品、一次性防护用品等原料提供，同时还有快速维修、环境清洁、私人存储柜服务、安全监控与检测、消防安全保障工具等其他服务提供。共享厨房平台空间基础布局设计如图 2-127 所示，其中一体化共享厨灶设计触控操作的四个灶眼，便于多人同时使用，材质为黑钢玻璃，便于清洁，砧板设计成抽拉式的，节约空间，如图 2-128 所示；同时设计多个独立式落地榨汁机，配有不同榨汁模式，满足学生对健康自助饮品的需求，如图 2-129 所示。在原料提供服务方面可与各品牌商合作，其他周边服务还可再挖掘。

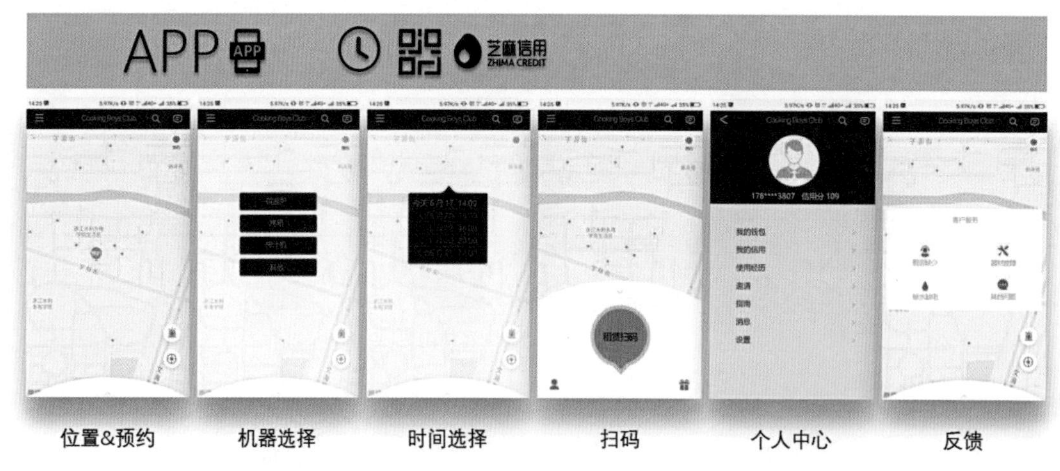

图 2-126 校园共享厨房 APP（设计者：贺伽玮、李聪、宋珊 / 指导：肖金花）

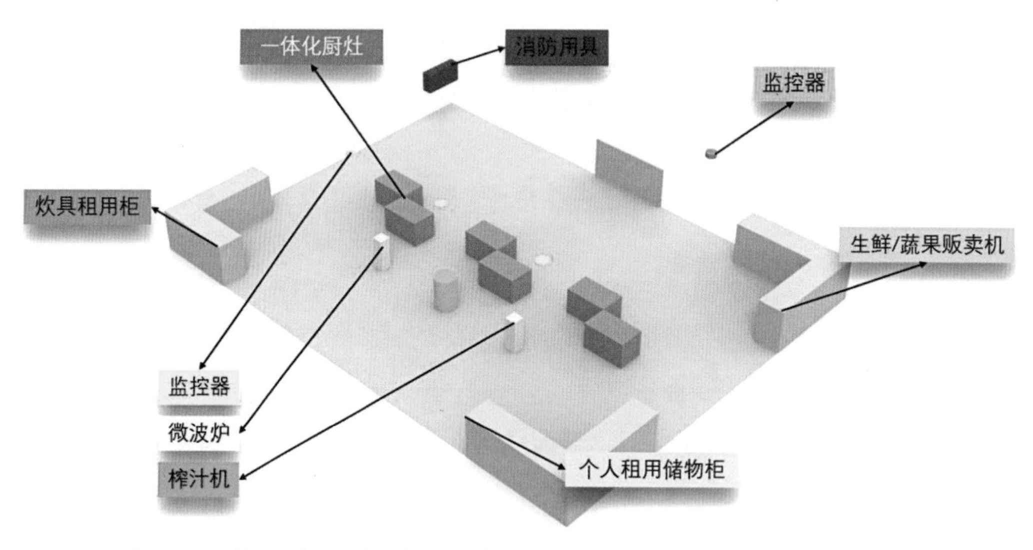

图 2-127 校园共享厨房空间布局设计（设计者：贺伽玮、李聪、宋珊 / 指导：肖金花）

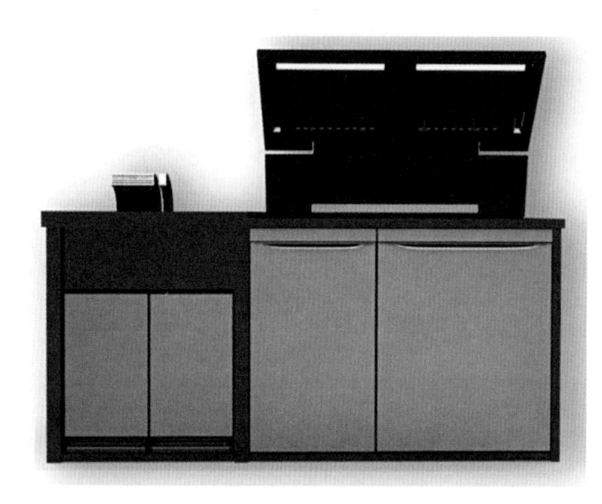

图 2-128 校园一体化共享厨灶设计
（设计者：贺伽玮、李聪、宋珊 / 指导：肖金花）

图 2-129 落地式榨汁机设计
（设计者：贺伽玮、李聪、宋珊/指导：肖金花）

最终展示效果如图 2-130 ~ 图 2-132 所示。

图 2-130　共享厨房服务系统界面设计展示（设计者：贺伽玮、李聪、宋珊 / 指导：肖金花）

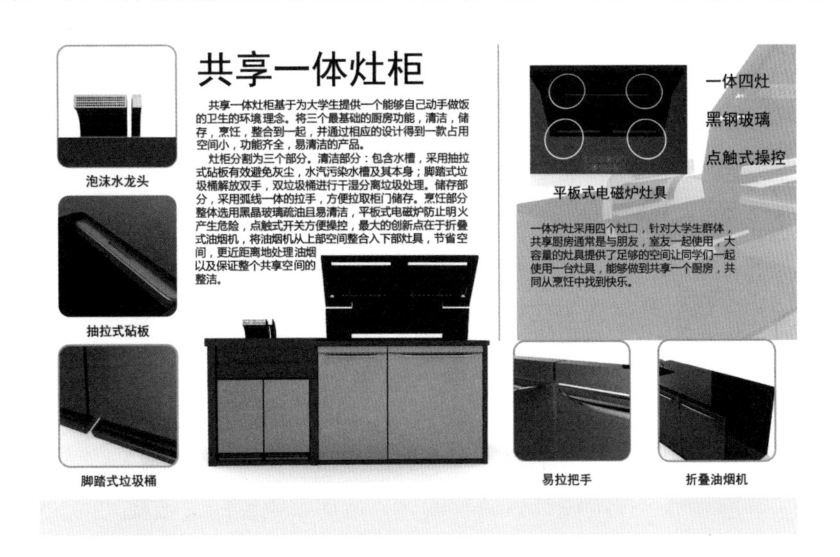

图 2-131　共享厨房服务系统灶柜设计展示（设计者：贺伽玮、李聪、宋珊 / 指导：肖金花）

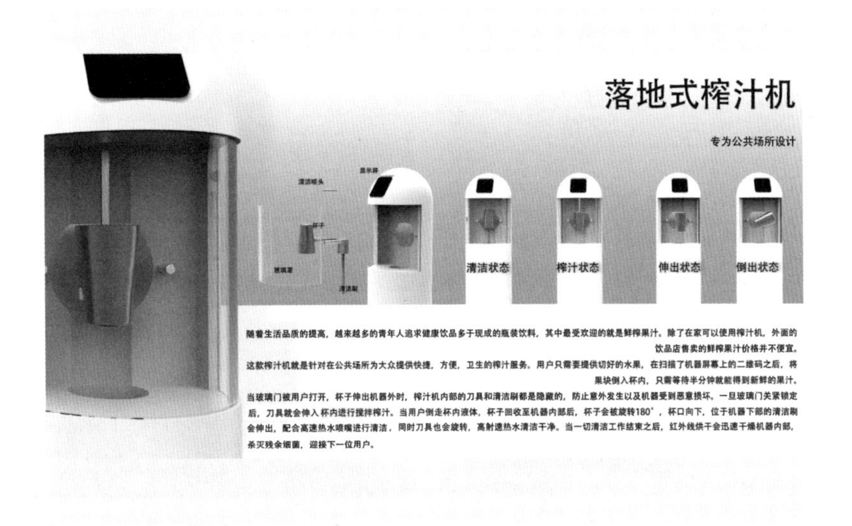

图 2-132　共享厨房服务系统榨汁机设计展示（设计者：贺伽玮、李聪、宋珊 / 指导：肖金花）

2. 设计课题2：养老服务系统设计

（1）课题要求

随着人口老龄化、高龄化、空巢化问题日益突出，社会养老服务问题研究已提上议程，已有的研究主要从养老保障制度、运行机制、养老模式的角度研究养老服务问题，研究领域多为人口学、社会保障、产业经济学等领域。养老保障体系建设也在随老龄化及养老需求的变化，由养老金制度为主向经济保障和服务保障并重的方向发展。服务设计是一个系统的解决方案，从设计学领域系统考虑养老服务设计的可持续性、养老主体的主动参与性、养老需求满足的多样性等研究还很缺乏，已有的养老服务设计主要是单一地对医疗、健康护理或某一居家养老服务信息的系统设计，从养老服务系统整体的角度进行设计研究，相较于当前我国养老服务现状显得尤为重要。

本课题主要针对我国现有养老产品及养老服务存在的问题及人口老龄化的现状，根据不同的养老服务需求设计不同的养老服务系统，提供系统的解决方案。

（2）案例解析

1）"缮居公益"项目：一个优秀的服务设计、社会创新案例

"缮居公益"青田改造项目是在我国提出"乡村振兴战略"下对乡村文化保育工作和乡村文明重构的实践探索，它从公益设计的角度，以实际行动帮扶困难家庭修缮老宅，给他们"设计一个家"。如何在一个狭小的空间、没有厕所的房屋设计一家五口之居，如图2-133、图2-134所示，使每个人都拥有自己独立的生活空间，避免让30多岁的儿子与母亲挤在同一个卧室，这不仅要解决住所空间问题，还要考虑如何关怀老人，将有形价值和无形价值充分融合。该项目通过在厨房设计可供休息的收纳椅子、在厕所墙壁设计防滑扶手等无障碍设计（图2-135），让老人在家中感受到安全方便，通过设计一个会赚钱的屋顶（利用光伏技术发电）改善了家庭的经济收入（图2-136），通过设计一道集老人、孩子们生活中美好时光的照片墙增进老人与子女之间的情感交流，让彼此感受到家的淳朴与温暖。令人关注的是这个项目的所有设计都是出自一群工业设计师之手，他们从工业设计的角度跨领域地解决了空间设计、环境设计、产品设计、情感设计，运用系统性的思维找到问题的最优解，给出了最佳系统设计方案。

图2-133 "缮居公益"老宅修缮前一（作者：大业设计）

图2-134 "缮居公益"老宅修缮前二（作者：大业设计）

2）“记忆之家”：一项针对认知症的解决方案

“记忆之家”是在英国利物浦国立博物馆里针对认知症患者记忆改善的一个项目。它通过利用照片、影像等多媒体形式来记录、展示故事，达到改善记忆的目的。这种“怀旧疗法”对刺激认知症患者记忆恢复、改善记忆能力非常有效。因为认知症影响的是患者短期记忆，他更能记住之前发生很久的事情。“记忆之家”设计包括三个部分：记忆漫步、记忆旅行箱和我的记忆之家 APP。“记忆漫步”设计在博物馆，陈列英国各时期的物品、服装、历史影像等，反映整座城市的记忆；“记忆旅行箱”设计以时间轴线走向，围绕特定社区设计了 30 款手提箱，如图 2-137、图 2-138 所示，主题包括英国历史、世界发展和族裔等，手提箱里存放书籍、物品、图片等，通过视觉、嗅觉、触觉等多感官来追忆过去，如针对一位年长的、拒绝洗澡的认知症患者设计了一款与洗澡有关的手提箱，里面放有一种英国战争年代广泛使用、有刺鼻味道的肥皂，如果老人洗澡时使用这块肥皂，可通过嗅觉刺激唤起他对那个年代的强烈记忆，帮助改善记忆使其更好地融入现在生活当中；“我的记忆之家 APP”设计通过浏览在线图片、观看影像、听音乐、“我的记忆”（在线上传照片）等可视化的视觉体验，来改善患者记忆，如图 2-139 所示。

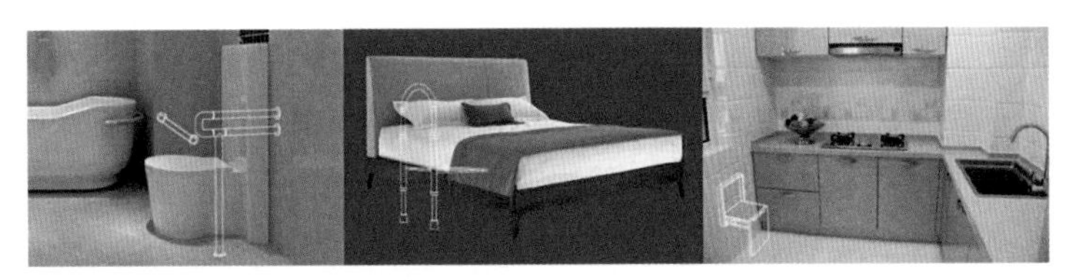

图 2-135　老宅无障碍设计（作者：大业设计）

图 2-136　老宅光伏发电屋顶设计（作者：大业设计）

图 2-137　记忆旅行箱 1　　图 2-138　记忆旅行箱 2

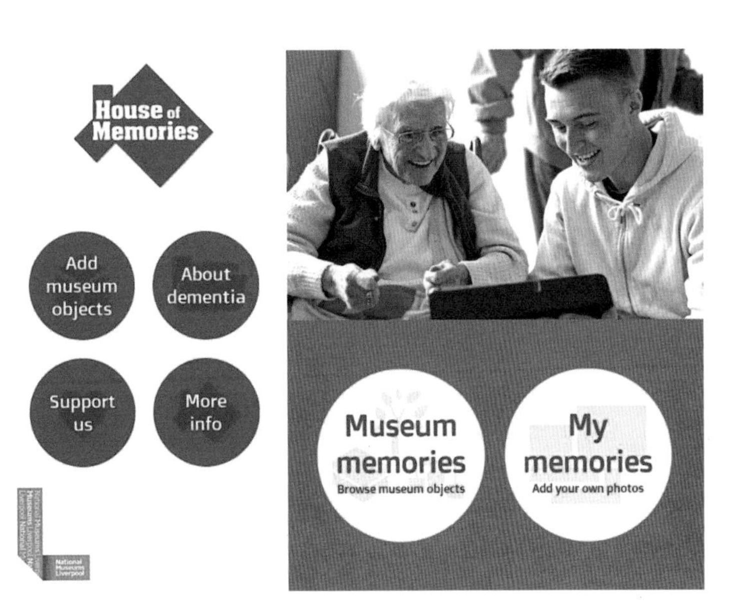

图 2-139　我的记忆之家 APP

《服务设计 / 微日记》作者茶山博士把服务设计分成了三个阶段，第一阶段是全面提升整个服务链条中的用户体验，第二阶段是组织和系统的重组及优化，第三阶段是国民的幸福感。“记忆之家”让认知症患者及其护理人员均有很好的体验，借助“记忆之家”，护理人员能快速了解认知症患者情况，节省其护理时间，同时护理人员还能主动参与到患者的“我的记忆之家 APP”设计，让患者能得到更好地照顾。“记忆之家”同时反映的是一座城市承载的记忆，不仅仅是个人、家庭的记忆，而是整个城市的变迁，哪些记忆更能刺激认知症患者，哪些方式对他们有安抚作用，这些都需要系统地组织和规划。认知症患者人数随着全球老龄化加速也在迅速增长，他们的病情不仅直接影响其晚年生活品质，同时也影响一个家庭甚至几个家庭的幸福生活，为此，“记忆之家”还为认知症照顾者和家庭成员提供培训服务，并且计划向其他国家扩展培训计划。服务设计除了做好产品、体验、服务外，还要普及、培养国民的服务意识和社会责任感，这样才能真正提高国家的服务水平和服务能力。

3）申养食坊：高品质适老化餐饮服务系统设计

不管是机构养老还是社区居家养老，衣食住行养老服务设计中“食”备受人们关注，但因适老餐膳食形态多、制作口味难把握，很难有提供高品质的适老化餐饮服务解决方案。针对此问题，上海申养食坊（品质医养服务商）从一开始进行科学的餐饮规划设计，根据现代老年餐饮多层次的消费需求，既充分考虑饮食“营养、温度、软硬度、饱度、进食速度”等要求，又遵循餐饮服务自身“多样性、即时性、难以储存性”等特点，对适老化餐饮服务设计进行整体规划，从服务元素的四个层次展开，包括：

①用户层：满足营养均衡、搭配丰富的老年人用餐需求；②服务人员层：邀请专业餐饮人，并且参与制定适老餐饮类规划，对其设计提出准确需求；③设计层：对餐饮经营模式、核心产品、核心服务、服务流程逐一规划设计。核心产品围绕老年人的照护等级对餐饮形式、餐次形式及膳食风味进行设计，如餐饮形式依次提供普食、碎食、团泥食、半流质食、流质食及配套治疗餐食等，餐次形式是设计“三餐两点”还是传统三餐形式，膳食风味是确定一种口味还是配备多种菜式等。核心服务确定是餐厅堂食还是送餐，抑或两者兼有，以及确定供餐形式，是点餐还是套餐（如套餐其品种数是多少）。服务流程综合考虑餐厅、厨房、用餐人数、服务人员、餐食配送及回流路线的优化设计，如图 2-140 所示；④资源层：包括对基础设施的充分调查、改造或建设，如房屋结构、房屋性质、餐饮能源匹配、政策法规制约、周边居民环境、餐厅面积、用餐座位数，厨房的设备类型、数量、面积、空间布局等。

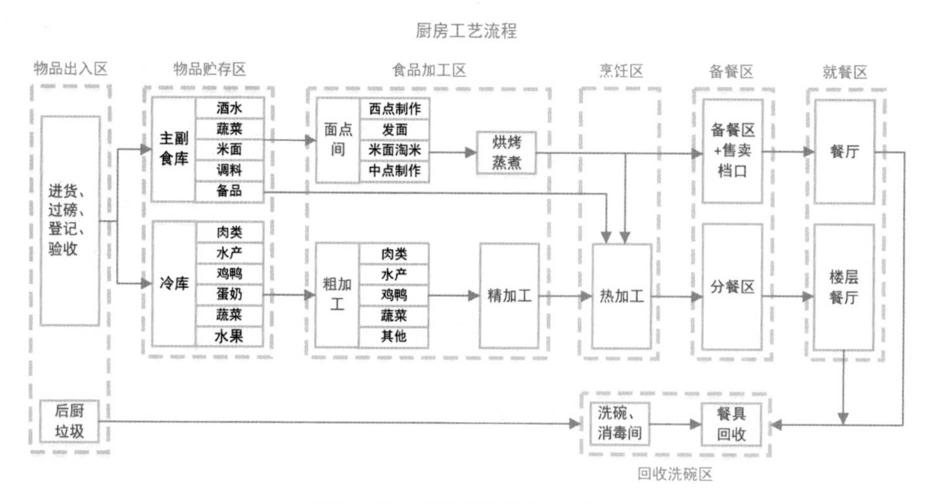

图 2-140　申养食坊厨房工艺流程

以上是申养食坊在适老化餐饮服务设计前期所做的规划，在整个服务设计生命周期中它完成了高品质适老餐饮服务的想法提出、老年用餐需求分析及概念的开发，之后在此基础上提出适老餐饮服务设计想法及优化方案，如引入单品小餐饮提供丰富的选择，并且也有“夕阳红”餐饮爆款产品，如图 2-141 所示。申养食坊之所以成功除了前期整体规划好外，还在于服务设计的后期做了很多思考，要保证老年人良好的用餐体验，申养食坊对适老化餐饮体系进行了构建，从食材供应链管理、适老化餐饮制度、适老化膳食技术工艺研发到适老化专业餐饮团队培训，这些都是高品质适老餐饮服务的保障。

图 2-141 申养食坊单品小餐饮

（3）知识点

理解服务设计的概念、内涵，明确服务设计中的服务需求和服务流程。服务设计最让人不易理解的是服务输出端，即服务设计最终载体形式是什么。服务设计最终形式多种多样，它可以是一种体验、一次活动、一个软件、一种环境营造、一款智能产品，及有形产品 + 非物质形式的组合等，这也反映出服务需求的多层次、多元化、多样化特点，进而需要我们在进行服务设计时要规划好服务流程，有效优质地实现服务交付。

（4）设计实践

浙江金华箬阳养老服务系统创新设计

当前农村养老环境发生显著改变，大量农村人口迅速涌向城市破坏了原有的“以家庭养老”为主的生态养老系统，导致城市出现交通拥堵、环境污染、人口膨胀、资源供给紧张等“城市病”问题，农村出现大量空巢、留守老人。针对当前农村养老产品及服务现状存在的问题，中国计量大学艺术与传播学院工业设计专业与环境设计专业 40 位师生组成 6 个小组的跨专业团队，邀请瑞士著名建筑设计专家，以“美丽乡村建设”为主题，选定浙江金华箬阳古村落为试点，借助国际设计营的教学形式，多角度、多方位探讨现代农村新的生活方式，建立了农村可持续养老服务系统。箬阳乡下设 14 个村落，箬阳乡箬阳村与其他村落一样，老龄化、空巢化极为严重，实地走访调研发现，全村没有发现一位儿童，村中小学空置，在村中见到的仅有几位中青年也是乡镇工作人员，乡村经济及活力亟待振兴。

针对此现状，6 个小组同学首先对乡村养老环境、养老产品、养老政策、养老服务需求等展开实地考察调研，并在此基础上从设计的角度提出建立一种灵活、开放、可持续循环的创新养老模式，该模式强调服务业和旅游业并重发展，利用当地优势，结合自然环境与人文现况，从设计学的角度给出生态的经济增长方案，在满足养老需求、改善老年生活品质的同时吸引年轻一代返乡创业，实现乡村振兴。6 个小组同学根据服务业、旅游业并重发展概念方向，分别从箬阳居家养老服务系统、公共环境设施、村落整体规划布局、古村落形象系统规划等进行创新设计与研究。

1）箬阳居家养老服务系统设计

根据养老需求的层级递进，结合箬阳村现状特点，分四个子系统构建新的养老服务系统，如

图 2-142 所示。实际调查发现，该村的老年人对日常需求中的蔬菜、荤菜等配送服务、交通出行服务，以及健康需求中的急救服务特别急需。箬阳村距离金华市 50 多公里，淹没在大山深处，老年人自己种的菜品种有限，荤菜也不能自给，因此每隔几天会有商贩从箬阳乡用三轮车拉一车菜贩卖，荤菜、蔬菜的品种同样受限，仅能为老年人餐饮提供一些有限选择，离营养均衡、搭配丰富的高品质餐饮差距甚远。箬阳村是丘陵地形，进村道路是唯一一条单车道的盘山公路，两车相会困难，村里人外出只有一趟公交车，且班次较少，交通极为不便，村中配有一间小型的简易卫生所，看些感冒等普通病症可以，如老人遇突发状况，特别是在夜里需要急救时极为危险。对此同学们依据养老需求的紧迫程度（近期需求、中期需求、远期需求），构建了养老服务系统，提出了相应的解决方案。

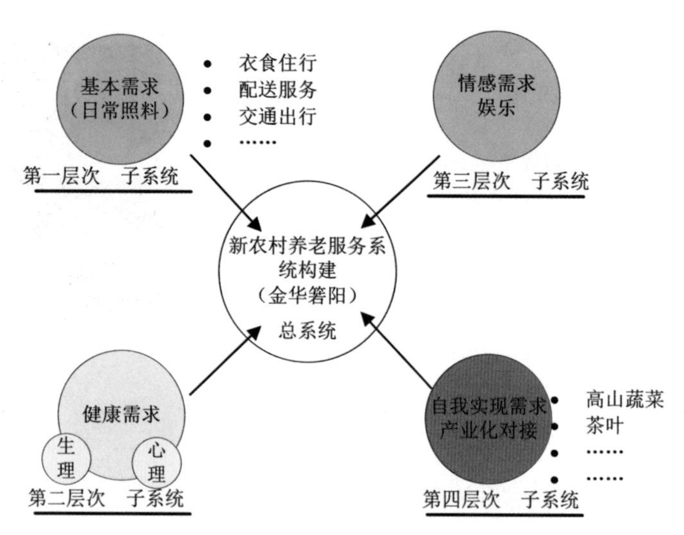

图 2-142 箬阳村养老服务系统构建（作者：肖金花）

2）公共环境设施

主要对乡村的照明系统、垃圾箱、公共座椅、导视牌、公共厕所灯展开设计，功能定位是满足村民及游客的需求，其中照明系统设计定位是保证村民夜间出行安全、便利，将山中夜间变成特色体验吸引更多的游客。按灯光的重要性分成三个层级设计，如图 2-143 所示。第二层级的上山小路灯，不仅有照明功能，更有山村美景氛围营造体验功能，创造一切有特色的光影体验，第三层级的租用田地标志灯是服务于乡村生活体验的设计。

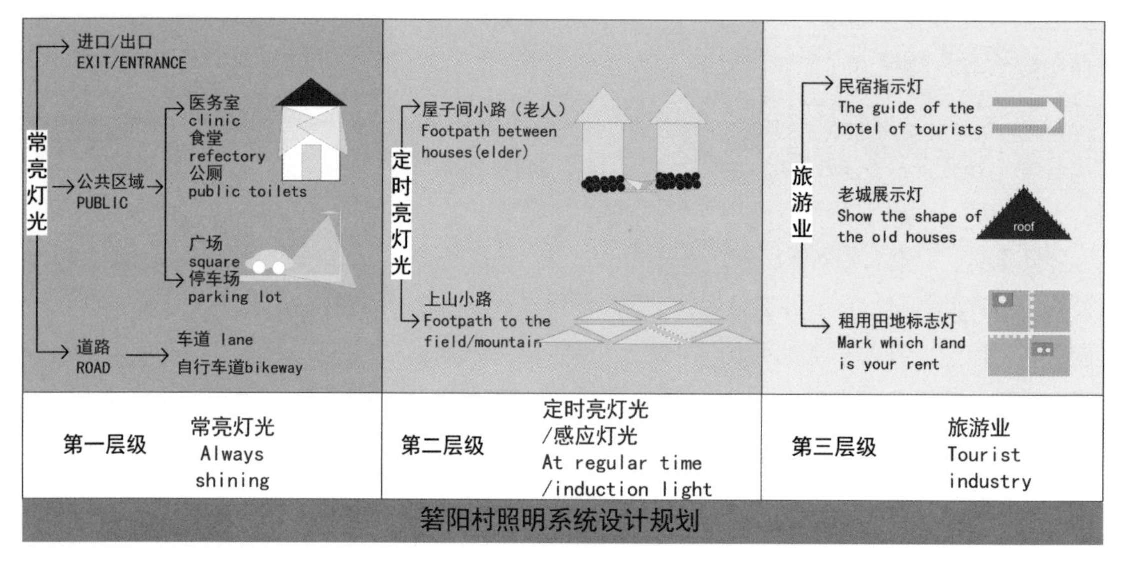

图 2-143 箬阳村照明系统设计

3）村落整体规划布局

包括村落门户与边界设计、线路规划设计。门户与边界设计利用箬阳村现有的农业、林业、地形优势进行设计，如图 2-144 所示。箬阳村地势险峻、景色宜人，素有“金华小西藏、浙中九寨沟”之称，因此在线路规划上设计多种不同的出行方式，有车行道、步行道、自行车道、慢行道，如图 2-145～图 2-147 所示，适合全龄段人群游玩体验。

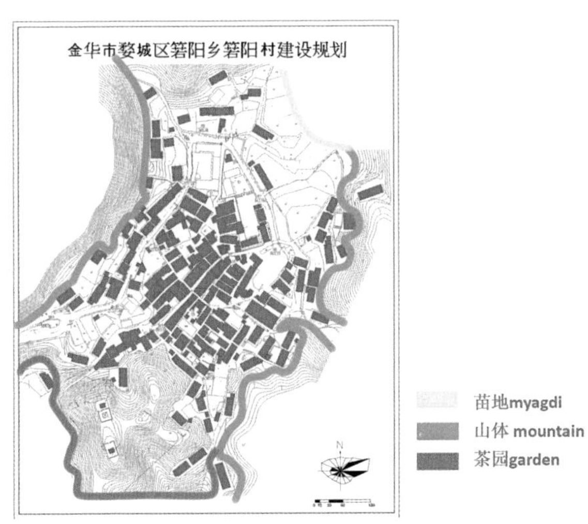

图 2-144　箬阳村门户与边界设计
（设计者：沈蓓瑾、叶楠、李超 / 指导：吴晔、熊莹）

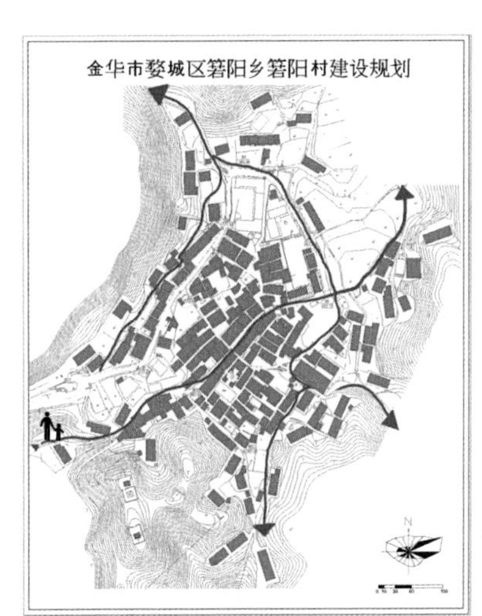

图 2-145　步行道线路设计
（设计者：沈蓓瑾、叶楠、李超 / 指导：吴晔、熊莹）

图 2-146　自行车道线路设计
（设计者：沈蓓瑾、叶楠、李超 / 指导：吴晔、熊莹）

图 2-147　慢行道线路设计
（设计者：沈蓓瑾、叶楠、李超 / 指导：吴晔、熊莹）

图 2-148　箬阳村标志正稿
（设计者：孙文峰、施双、邹思佳、赵洋、王葱、林伟伟 / 指导：肖金花）

4）乡村形象系统规划设计

主要对箬阳村视觉识别系统进行规划。其中箬阳村标志设计基本形是箬阳山地形状和竹笋形状的结合，如图 2-148、图 2-149 所示，竹笋是箬阳村的土特产，选其作为标志的基本形含有“新生”的寓意，意旨箬阳古村落焕发新的生机与活力，中间空白的“之”字既像箬阳村特有的进山盘山公路，又像清澈的水流，有山水诗意，同时是大写的“箬”的拼音首字母“R”。标志的标准色选定绿色也有取其欣欣向荣之意。基于该标志设计了一系列相关衍生产品，包括箬阳高山茶品牌宣传、包装推广等。

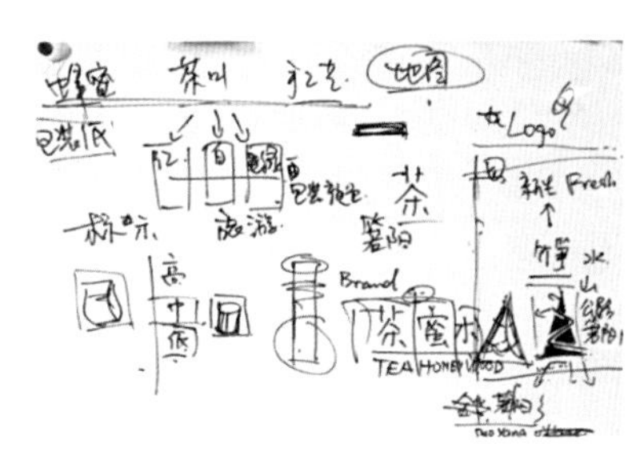

图 2-149　箬阳村标志设计构思草图
（设计者：孙文峰、施双、邹思佳、赵洋、王葱、林伟伟 / 指导：肖金花）

2.6 系统验证与测试

系统的验证与测试环节是系统评价的重要组成部分，是整个产品系统设计工作包括系统调研（发现问题、定义问题）、系统分析（分析问题）、系统设计（解决问题）、系统评价（信息反馈）中必不可少的一环。这一环节的主要目的是为了确认测试性设计与分析工作的正确性，检验系统设计是否符合设计要求及其可行性，识别可能存在的设计缺陷或前期工作中可能存在的"盲区"，最后形成验证与评价报告，为系统设计的调整与改进提供依据，为系统的迭代设计提供参考。系统验证与测试不只是在系统设计完成后才开展，在系统设计的各个过程中，为确保设计方向和路径的正确，常会进行阶段性、局部性的验证与测试。

系统验证与测试应秉持以下原则：

1）客观公正的原则。系统验证与测试的主要目的是为检验系统设计的效果及其可行性，客观公正是最基本的底线。

2）真实性原则。系统的验证与测试应在未来需要实际运行的环境下测试真实的对象，获得真实的数据，才能做出客观公正的评价，才能为后续工作提供依据和参考。

3）容错原则。系统的设计尽管建立在前期的充分调研、分析基础之上，但是，设计毕竟是基于各种条件的提前计划与应对，在验证与测试环节中出现某些失误或超出预期的情况是正常的，验证与测试的目的就是为了尽可能地发现这些失误和未知状况，并在后续的设计过程中加以改进。

4）全面性原则。在产品系统的验证与测试环节，应包含系统涉及的所有需验证与测试的过程、项目及内容，不应以点带面地只做部分验证与测试。

5）可重复性原则。系统的验证与测试不能是一次性的，应根据测试需要可进行再次或多次验证与测试，其目的是为了更好地验证测试数据的可靠性。

2.6.1 产品系统的验证

实训课题名称：系统的模拟与验证（选做）

教学目的：培养学生设计的科学论证意识，了解产品系统验证与测试的主要方式和基本流程，理解系统验证与测试在系统设计中的重要性，掌握产品系统的验证与测试常用方法。

作业要求：根据课题实际情况，进行产品功能模型验证与测试，测试软件验证与测试，虚拟现实的实验与测试等，具体要求可结合各学校具备的实验条件开展。

评价依据：1）用于验证的模拟系统与真实的系统之间的吻合度如何，是否具有一致性；

2）验证和测试的内容是否符合系统设计的目标要求，验证和测试数据指标是否能完整反映系统设计的真实情况；

3）系统验证与测试报告的完整性也可作为一个考核指标。

（1）关于产品系统的模拟与测试

传统的产品系统设计效果测试主要通过设计的原型（模型）来验证与测试，根据验证和测试的内容差异，又可以分为外观形态模型、工艺模型、功能模型、样机等，制作模型的方式有传统的油泥模型制作、手板模型制作、数控设备模型制作、3D 打印模型制作等（图 2-150、图 2-151）。

原型验证与测试的方法会在产品系统设计的不同阶段运用，一般会根据不同解决方案制作具体的实体，供设计团队成员之间或设计团队与用户之间一起研究与测试。在设计过程中，用于验证和测试的原型的保真度会因预计完成的程度而定。

在早期构思阶段，通常选择低保真原型，这些原型主要为内部开发使用，供设计人员或设计小组的讨论与研究。早期低保真原型能快速有效地进行审查和及时反馈，以便反复修改。如果是关于界面和软件设计的低保真原型，通常会用纸质原型代表界面屏幕。在完成一项任务或者接近一个目标时，参与者要标明想要在每一个页面上做什么，而研究人员则会更换后几页的顺序来模拟界面反应。有时候需要直接用注释或代码在纸质原型上面记录出现的问题或获得的积极回应。

高保真原型通常在外观和感觉上更加精致，在性能上更接近最终产品，在验证和测试条件上也更趋向仿真。参与测试者可以从审美、形式、互动和可用性等方面综合性地提供反馈意见。高保真工业设计原型会借助计算机辅助设计（CAD）、实物形式的精密模型或者具有某种程度交互功能的工作模型。在界面和服务设计方面，高保真原型通常意味着可以实现交互作用，能够提供真实用户体验并获得反馈意见的原型。

图 2-152 是 Altair Optistruct 在汽车的车壳设计中模拟的强度、耐久性及 NVH 分析，这种经过工业验证的线性、非线性静力学及振动力学求解器工具为结构的设计与优化提供了极大的帮助，设计师可以快速实现结构创新、轻量化及结构有效的设计。图 2-153 是 Altair RADIOSS 结构分析求解器工具模拟的汽车碰撞实验，通过建立有限元假人、壁障、碰撞器、人体生物力学模型库，以及完整的材料本构和失效模型库，实现系统模拟状态下的安全防护方面的验证与测试。这些仿真设计软件的运用不仅能帮助设计者获得可用的经验数据，同时也大大地节约了产品设计开发成本和设计开发时间。

图 2-150　传统的汽车油泥模型制作

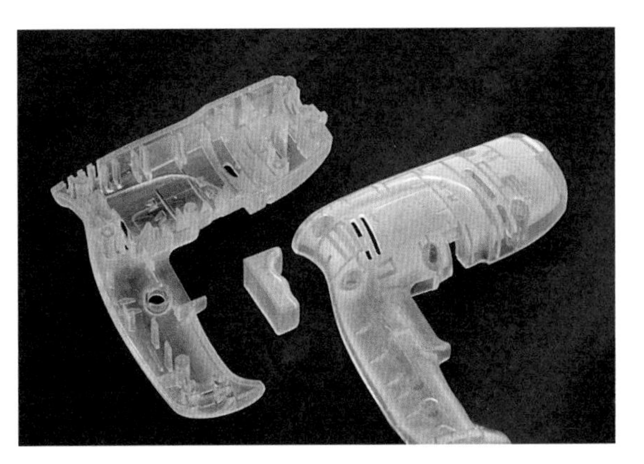

图 2-151　3D 打印的产品部件模型制作

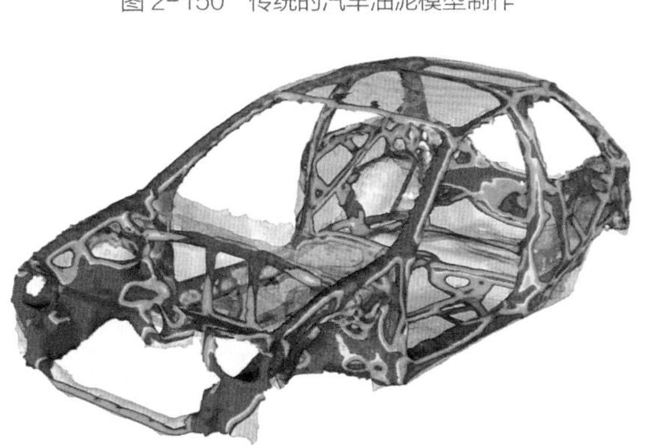

图 2-152　Altair Optistruct 的模拟分析示例

图 2-153　Altair RADIOSS 模拟的汽车碰撞测试

图 2-154 虚拟现实与汽车设计的结合

图 2-155 虚拟现实模拟的汽车验证与测试

随着科技的发展，虚拟现实、增强现实等技术与设计的结合为产品系统的设计验证和测试带来了极大的便利，特别是对于大型的产品系统的验证与测试和复杂环境下的验证与测试来说尤其具有不可比拟的优势。图 2-154、图 2-155 是 VR 系统在汽车设计与验证测试系统中的应用案例。

在企业的实际产品系统设计与开发活动中，验证与测试是有关产品设计定型的一项重要的工作，也是一项较繁琐、细致的工作。验证与测试需要在相关方案设计、FMEA 审查、样本分配、故障注入选择等方面选择合理的方法，在整个验证与测试试验中得到足够多的资料和试验数据，经过综合分析评估得到相关测试性要求的结论。在验证与测试过程中，当发现存在测试性缺陷或不能满足使用要求时，则须提出相关的测试性改进措施和建议，从而使产品的系统设计得到质的飞跃。

（2）产品系统模拟测试实训

产品系统的模拟验证测试主要是关于系统的客观部分的功能与效果测试，但是，由于客观部分又总是与用户、产品运行平台以及产品和运行平台的管理系统联系在一起，所以我们一般将产品的验证与测试分为三部分：

系统客户端的验证与测试。这一环节与目标用户群体的关系最为密切，也最容易引起各方面的重视。同时，这一环节的验证与测试最具有挑战性，因为客户端的验证与测试面临的不确定因素较多，比如不同的客户具有不同的功能诉求、不同的文化背景、不同的性别、不同的年龄、不同的生活形态，等等，而对验证与测试后的资料和数据的分析、处理、评估则是报告最后最具挑战性的关键环节。

系统运行平台端的验证与测试。每一件产品都必须依赖运行平台才能真正发挥其作用，产品系统与平台系统是否能达到协调统一是系统平台端验证与测试的目的。有时候，一个产品系统只从它自身看也许是一个“好的系统”，但是却不一定能够跟其运行的平台形成和谐的关系，甚至不能满足运行平台对其提出的要求，那么，这个产品系统则不是一个真正的好的系统。

系统管理端的验证与测试。一般认为系统管理端的验证与测试都是比较复杂和大型的系统才会有的环节，其实，在普通的产品系统中，管理端的验证与测试也是直接关系到产品生命力的重要环节。比如，产品售后维修的验证与测试，就是普通产品系统管理端的验证与测试。

在教学过程中，一般情况下因条件的限制，产品系统的验证与测试主要是客户端的验证与测试。因此，在本次实训环节，如果是实体产品系统为主的课题，则以产品功能样机的形式进行；如果是服务设计为主的系统，则可借助测试软件进行；如果是综合的系统，则需要设计一系列的验证测试环节，分步进行。具体要求根据各个教学实体的实验条件做出调整。

2.6.2 目标用户群体测试

实训课题名称：系统的目标用户群体测试（选做）

教学目的：通过该课题的训练，培养学生设计的科学论证意识，了解产品系统的目标用户群体测试的主要方式和基本流程，理解目标用户群体测试在系统设计中的重要性，掌握产品系统的目标用户群体测试常用方法。

作业要求：根据课题实际情况，进行目标用户群体测试的使用场景测试、商业效果验证与测试、目标用户的系统认可度测试等，具体要求可结合各学校具备的实验条件调整，提交测试报告。

评价依据：1）参与测试的目标用户群体与预设的群体之间的吻合度如何；

2）验证和测试的环节、程序、内容是否符合系统设计目标要求；

3）最后形成的测试报告的完整度、信度、效度如何。

（1）关于目标用户群体测试

如果说产品系统的模拟测试环节是要测试系统本身的功能、效果是否符合预期设计目标和要求的话，那么，目标用户群体测试则是为了测试目标用户群体对系统的功能、效果是否满意，接受度如何，是否会达到设计系统时预期的社会目标、商业目标、人文价值目标、心理目标等。通过测试，可以拉近产品系统与目标用户群体之间的距离，使设计方案和条件设置更契合用户需求，同时能够根据测试情况为产品系统正式推出之前的调整提供依据。

一般情况下，目标群体测试的目的是产品在投放市场前从未来用户那里获得对产品的反馈信息。在产品系统设计与开发的整个过程中，为确保方向正确，不同的阶段都可以将目标用户测试环节融入设计工作之中。

目标用户群体的测试方法主要有：

1）选定目标用户群体的测试。这种方法主要是邀请目标用户群体中有代表性的测试者，点对点的测试，一般在实验室或选定的场所进行。这种测试可以比较深入，但缺点是可能受到的干扰因素较多，被测试者的态度信度会受到影响。

2）模拟环境下的测试。这种测试是在特定的场合，对可能出现的目标用户群体进行随机的测试，也就是说，场景设定，测试对象随机，测试环节只作客观记录，然后再统计分析，形成报告。这种有限度的测试的优势是测试者对测试环节的可控性较强。图 2-156 为校园内的目标用户群体测试活动，学生将设计开发的产品在校园集市上推销，并获得反馈信息。

3）无限制性测试。这种测试是在完全真实的情况下，无任何附加条件的目标用户群体测试。例如，直接将开发的产品样品与其他产品一起放在货架上，随机测试消费者的各项数据。现代网络环境下的测试工具为获取目标用户群体的测试数据提供了更便捷的方式。许多网上众筹项目，也可以属于测试的范畴。

尽管我们将目标用户群体的测试放在产品正式投放市场之前，但是，一个真正成熟的产品系统却必须要经过长时间的市场磨砺。这主要是因为实验室的技术验证与测试是不可能替代市场的检验；决定市场走向的因素复杂而多变，趋势很难预测；市场的检验与测试是形成技术和产品迭代的机遇；市

图 2-156　学生设计开发的产品在校园集市上的测试

场环境是全方位、多因素的综合。因此，在企业的产品开发设计、产品推广营销、产品售后服务中，目标用户群体的测试不是阶段性的工作，而是伴随产品全生命周期的永不间断的持续环节。

（2）目标用户群体测试实训

目标用户群体测试是侧重用户对产品系统的感性认知的测试，主要采用定性的测试方法，一般的测试程序可以包含以下几个环节：

1）制定测试方案。根据测试目标、要求，制定详细可行的测试方案，预判各种可能出现的状况并制定相应的预案。

2）发布（实施）测试方案。选择合适的时机、环境、方式实施测试内容。

3）搜集测试信息。敏锐而完整地搜集、记录下各种测试过程中的信息。

4）分析资料数据。了解目标测试群体在测试过程中的反应、表情、动作、语言等背后的原因，对测试对象的一些触发器进行锚点追踪，同时界定测试方案的效果。

5）评价测试效果。在分析的基础上做出综合、客观的结论。

6）撰写测试报告。以报告的形式提交团队，并能够让团队成员便捷、清晰地获取需要的信息。

7）完善设计方案。对设计方案进行调整，针对测试过程中发现的不足进行优化，并考虑能否进入到下一次的迭代设计过程中。

在具体的教学实训过程中，要求对测试环境和测试程序要有提前预设的应对措施。建议在课程教学中可以采用模拟环境下的目标用户测试方式进行，这样学生容易把握整个测试环节可能出现的突发情况，也容易产生较好的教学效果。

在实训环节要提醒学生注意三点：不管是校园集市还是其他的模拟环境测试，我们的目的是在做产品系统设计课程作业的测试，一定要将测试目标在测试环节充分地体现出来，不要有“走过场”的心理；要全面记录测试活动的所有细节，在测试完成后的团队分析讨论中逐一剖析；在模拟测试中，也尽量不要做“人情推销”和“人情测试”。

03

第 3 章　课程资源导航

第 3 章　课程资源导航

3.1　优秀案例分析

产品系统设计课程的教学应该是一个设计过程的教学，通过基础理论学习和结合理论运用的课题调研、分析、设计、评价与反馈等环节的实训实践，在产品系统观的指引下，理解产品系统设计核心内涵，掌握产品系统设计基本方法，最后完成课题设计的相关内容。因此，将教学过程中学生的整个作业分阶段进行关键性的展示与分析，对学生来说可能更具有参考意义。本章的优秀案例分析包含两个部分：一是学生在产品系统设计课程和其他的设计教学过程中比较优秀的作业；二是已经运行和实施的优秀的产品系统设计实例。两个部分的侧重点有所不同，第一部分主要侧重设计过程与设计方法运用的展现，最后呈现的设计效果可能稍显稚嫩；第二部分侧重设计系统性的解读、设计精髓的分享，由于资料获取途径有限，设计的过程文件不多，解读只能逆向进行，缺少了设计过程的适时性和生动性。

3.1.1　产品系统设计课程教学优秀案例分析

（1）设计案例一

这是一组工业设计专业学生（设计小组成员：叶晓辰、周一苇、赵蕙、张卉、陈姣）跨校课题设计工作坊成果。课题围绕“健康厨房”主题，在对设计的程序和工作内容进行充分评估的基础上制定了各阶段的工作计划，并基本按照工作进度进行了课题调研，运用 PEST 分析法发现产品缺口和机会点，在系统分析的基础上进行了产品方案设计和部分产品服务系统设计，是一个比较完整的学生产品系统设计作业，因篇幅所限，在此展示部分关键内容（图 3-1~ 图 3-28）。

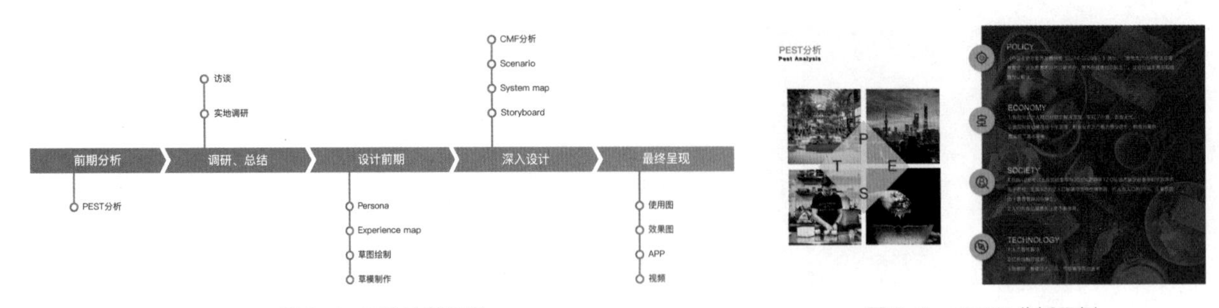

图 3-1　工作计划示例

图 3-3　PEST 分析示例

图 3-2　调研一示例

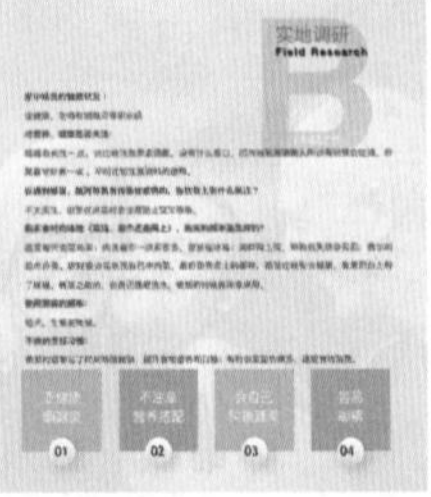

图 3-4　调研二示例

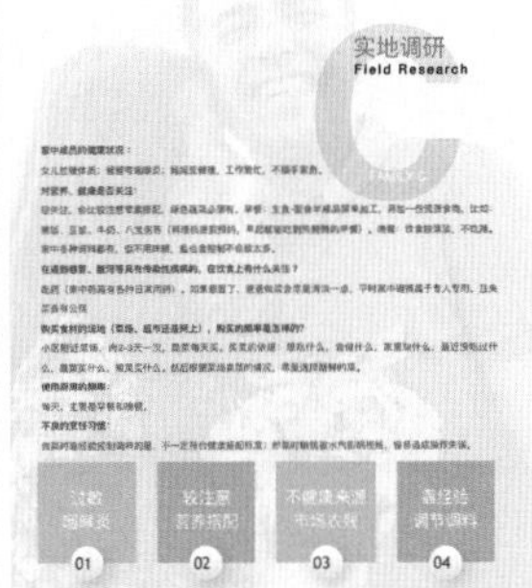

图 3-5 调研三示例

图 3-6 用户画像示例

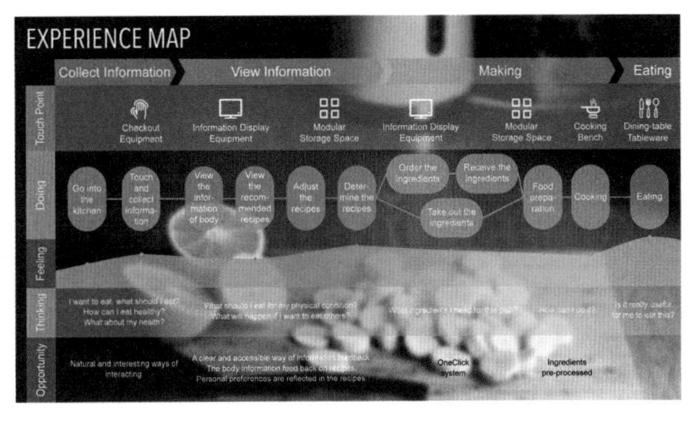

图 3-7 体验地图

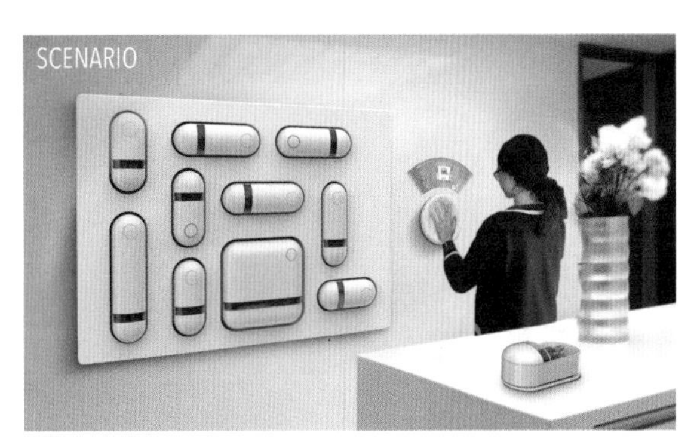

图 3-8 设计愿景

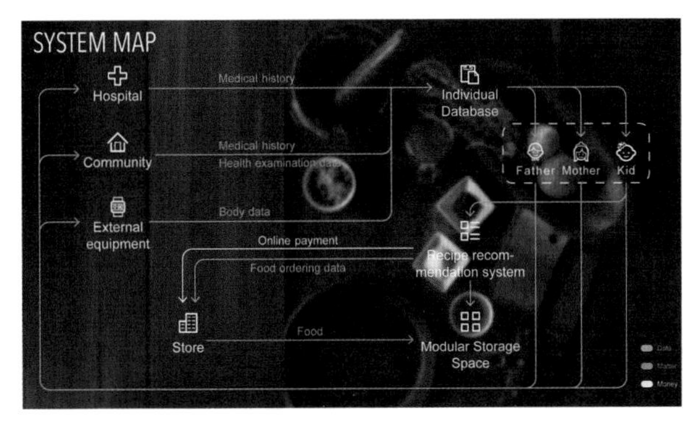

图 3-9 系统图

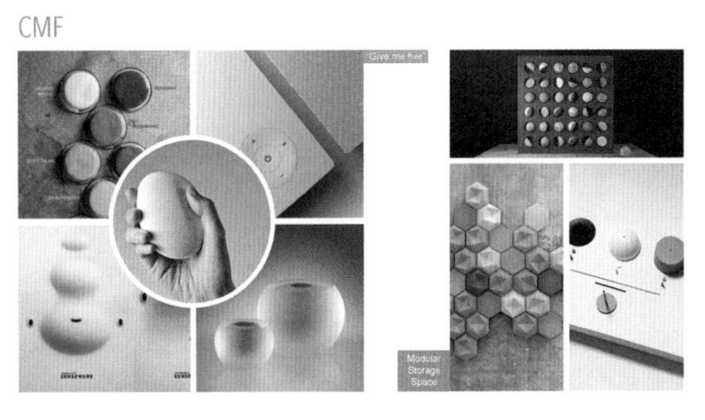

图 3-10 CMF 设计分析

图 3-11 草图与草模

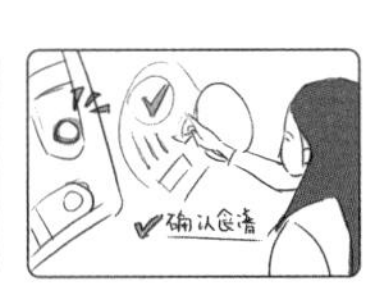

图 3-12 故事板

图 3-13　场景渲染

图 3-14　产品系统演示一

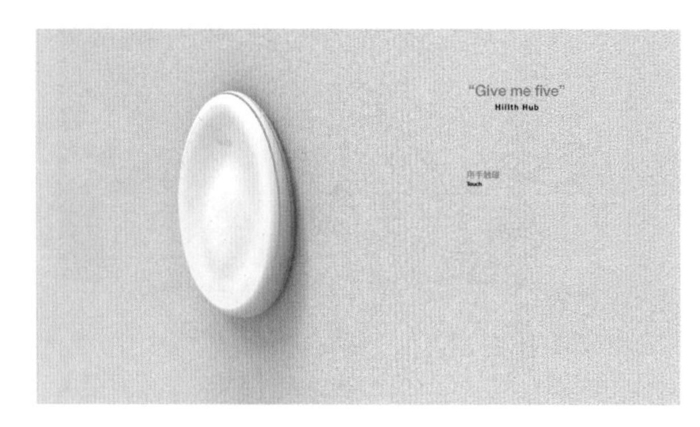

图 3-15　产品系统演示二

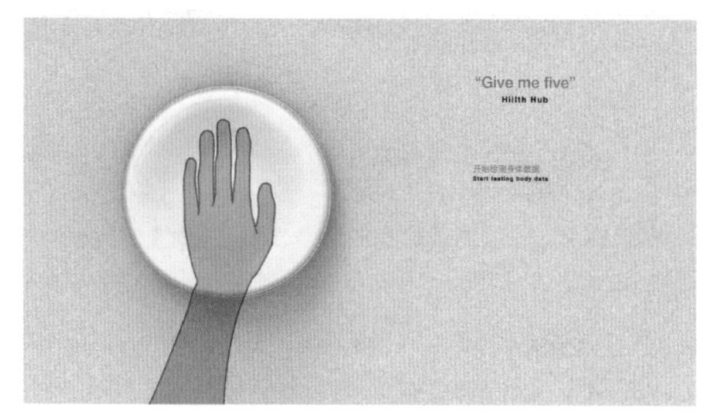

图 3-16　产品系统演示三

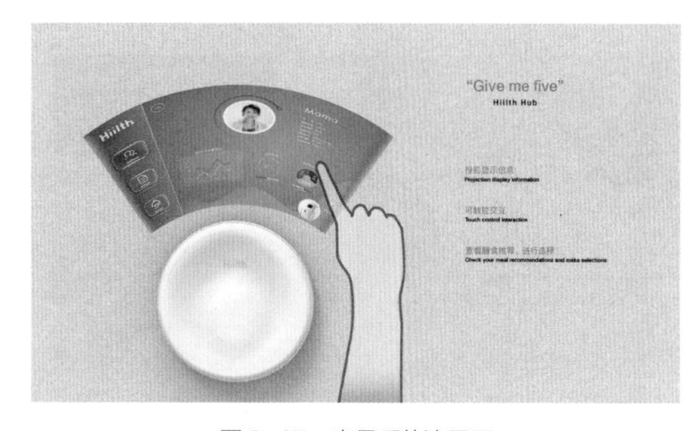

图 3-17　产品系统演示四

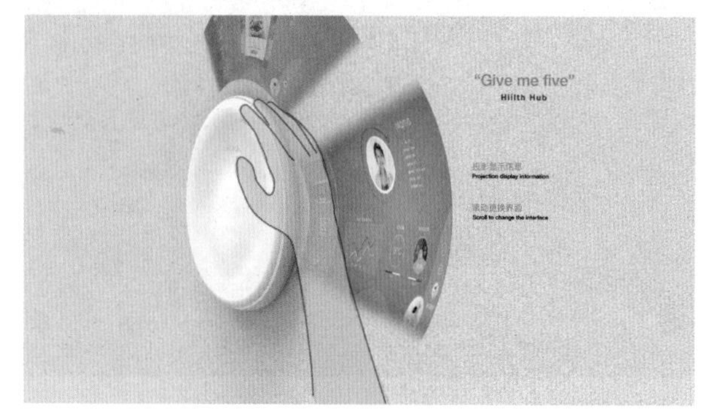

图 3-18　产品系统演示五

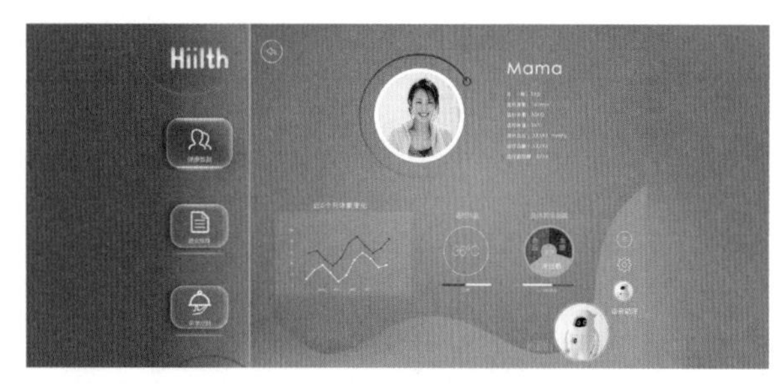

图 3-19　系统界面一

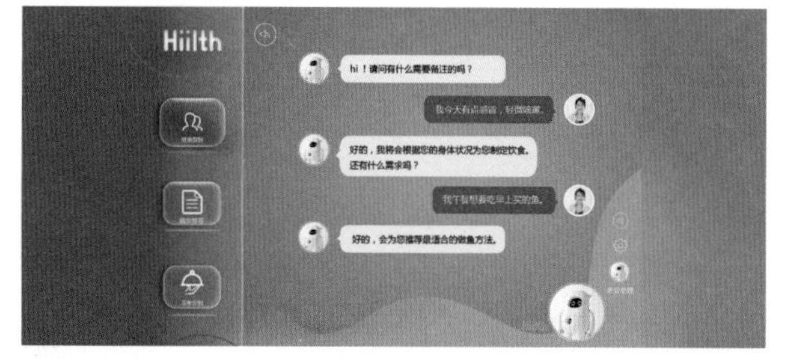

图 3-20　系统界面二

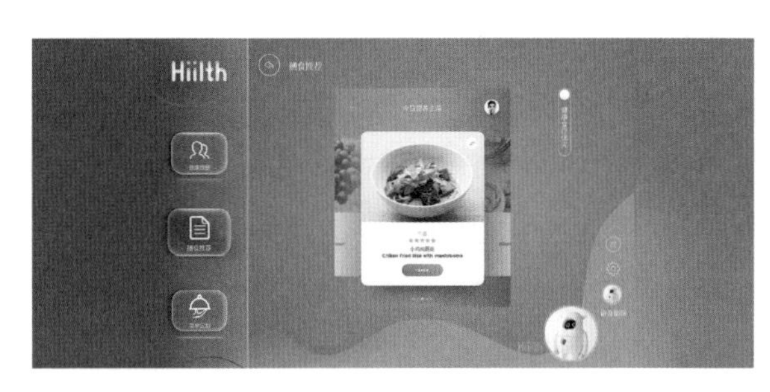

图 3-21　系统界面三

图 3-22　系统界面四

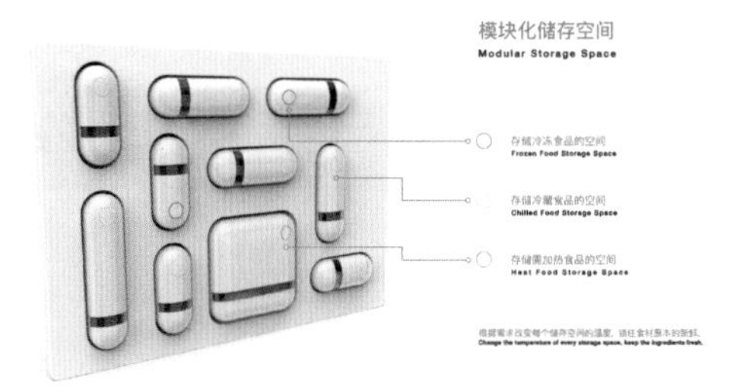

图 3-23　产品系统细节说明一

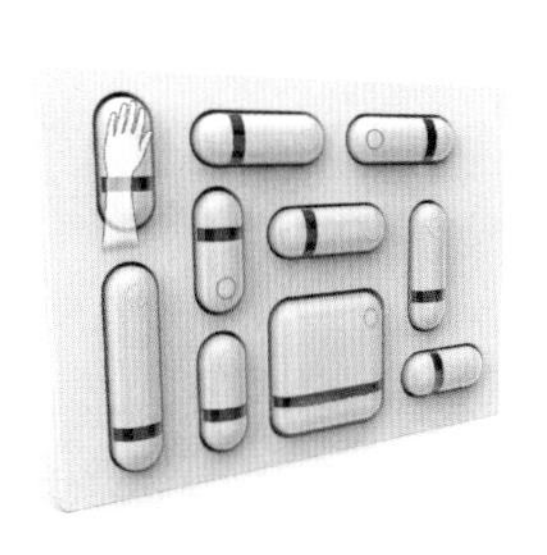

图 3-24　产品系统细节说明二

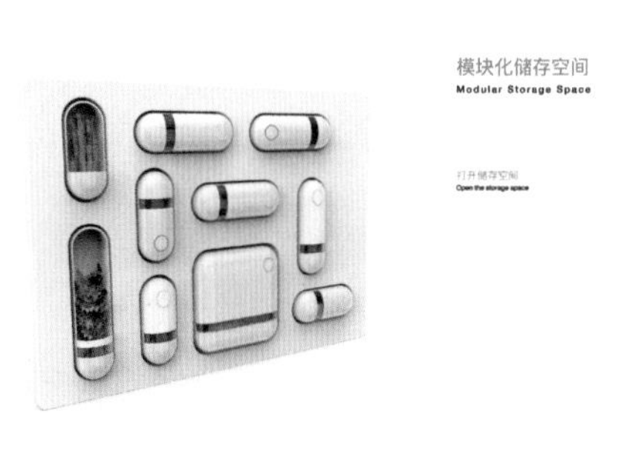

图 3-25　产品系统细节说明三

图 3-26　使用场景一

图 3-27　使用场景二

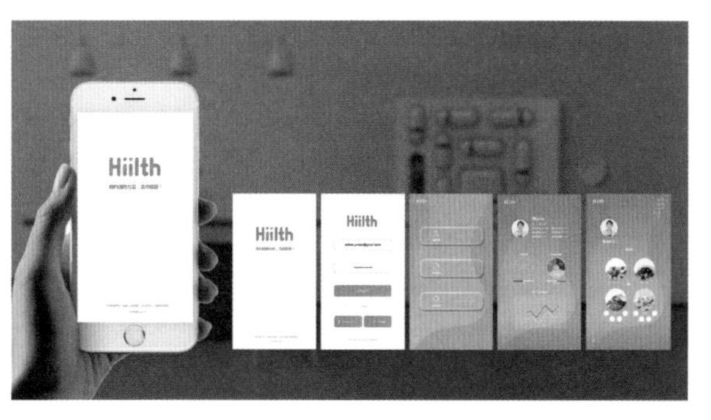

图 3-28　产品系统 APP

（2）设计案例二

该设计案例是一组工业设计专业学生（中国计量大学 14 级工设 1 班：李丹阳、褚恬宁、陈欧奔、薛伟峰）的产品系统设计课程作业。课题以企业委托的实际课题“保温箱产品的设计与开发”为设计研究对象，从设计调研入手，对产品的功能进行了较系统的分析，运用 CMF 分析法对产品的设计点进行了较好的探索，在系统分析的基础上进行了系列化的产品方案设计和部分产品服务系统设计，以及产品商业模式的规划，是一个比较完整的学生课堂作业。由于篇幅较长，在此只选取部分关键的汇报文件展示（图 3-29~ 图 3-92）。

图 3-29　课题首页

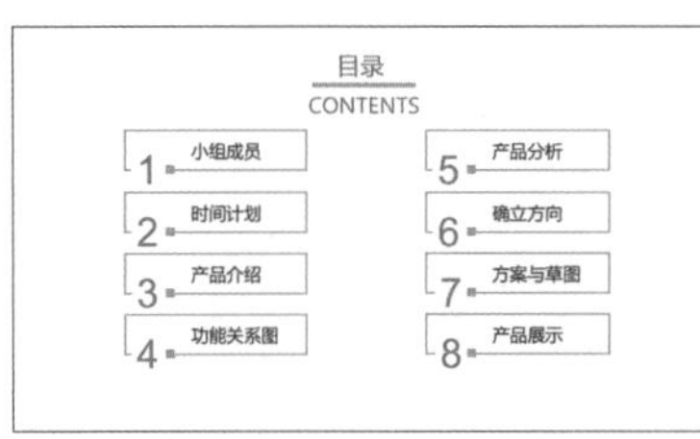

图 3-30　设计汇报目录

图 3-31　小组成员介绍一

图 3-32　小组成员介绍二

图 3-33　工作计划一

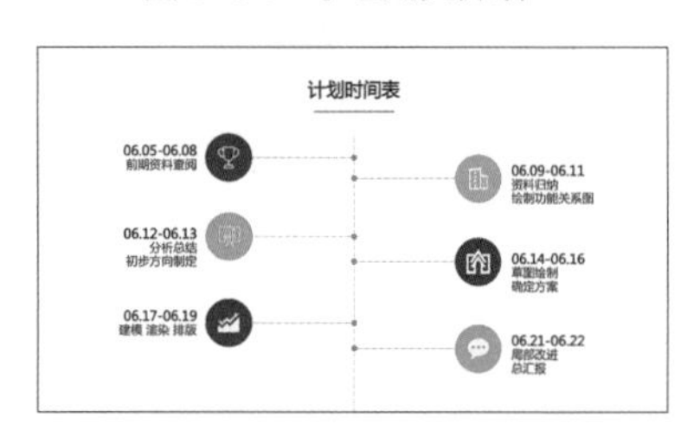

图 3-34　工作计划二

图 3-35　现有产品调研

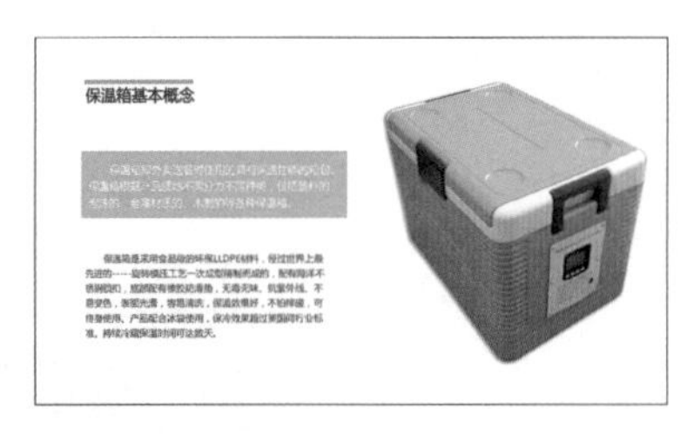

图 3-36　基本概念

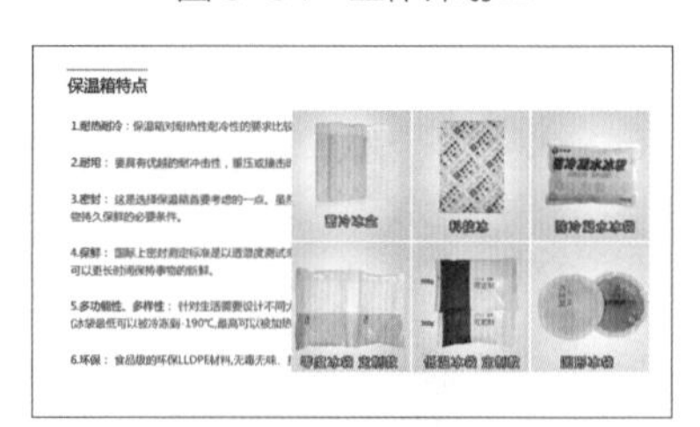

图 3-37　产品特点

图 3-38　产品功能分析

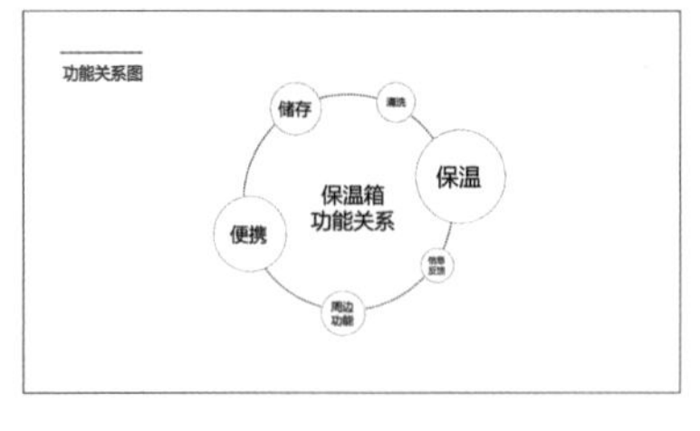

图 3-39　产品功能分析一

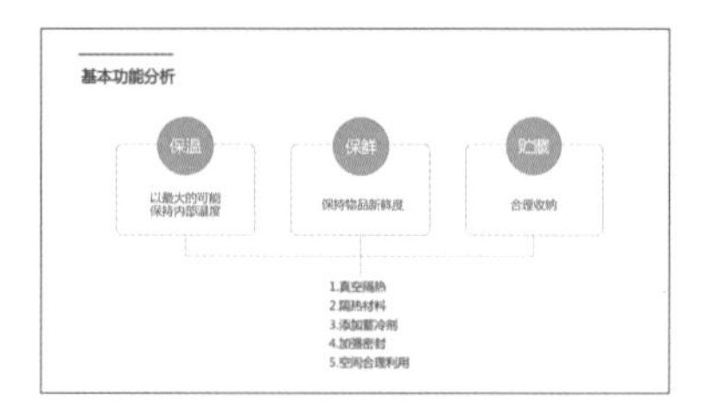

图 3-40　产品功能分析二

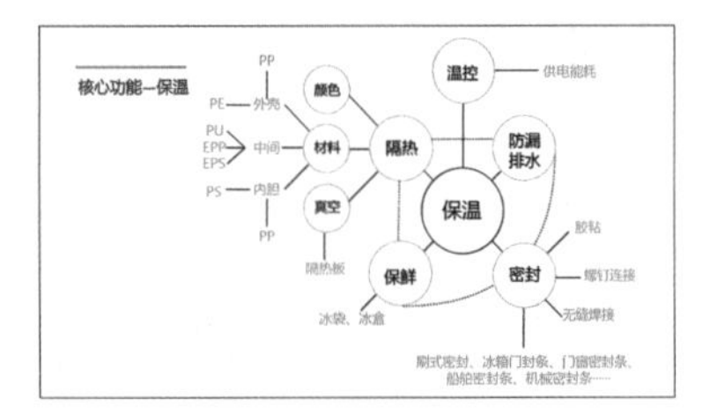

图 3-41　产品功能分析三

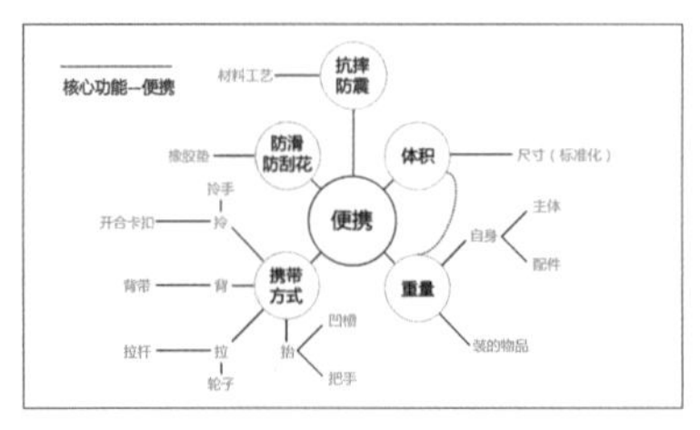

图 3-42　产品功能分析四

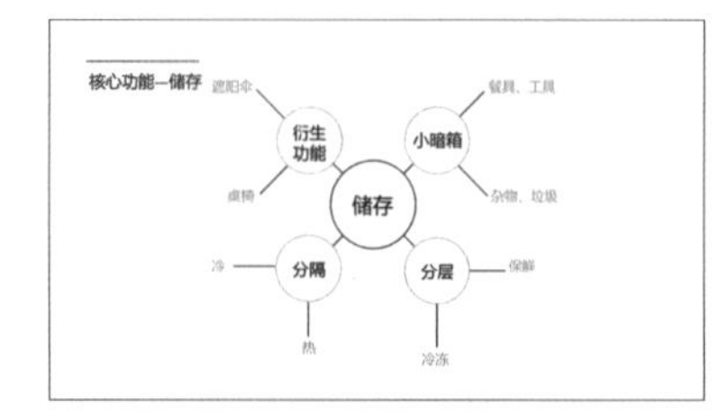

图 3-43　产品功能分析五

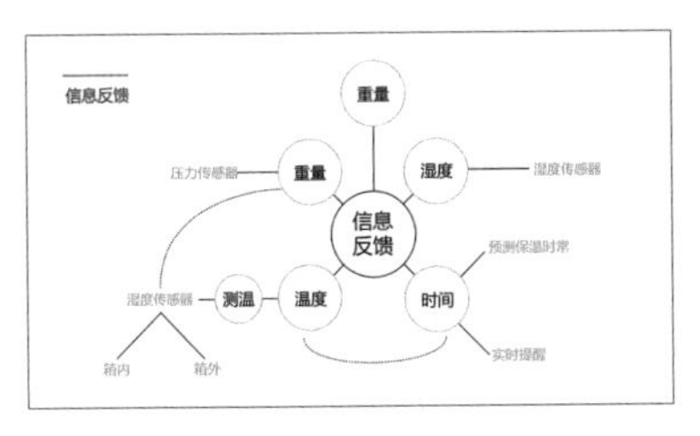

图 3-44　产品功能分析六

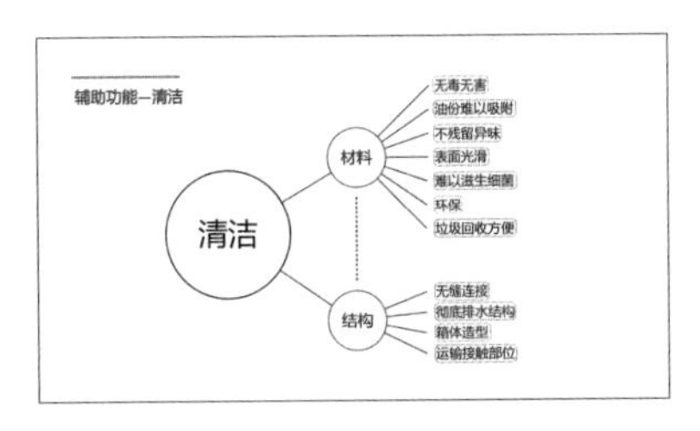

图 3-45　产品功能分析七

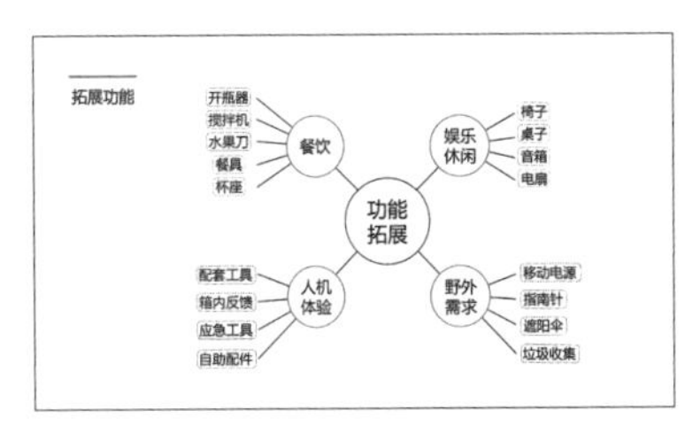

图 3-46　产品功能分析八

图 3-47　现有产品分析

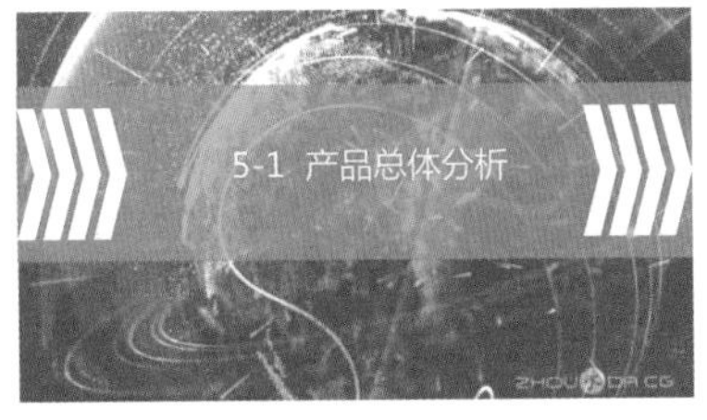

图 3-48　现有产品总体分析

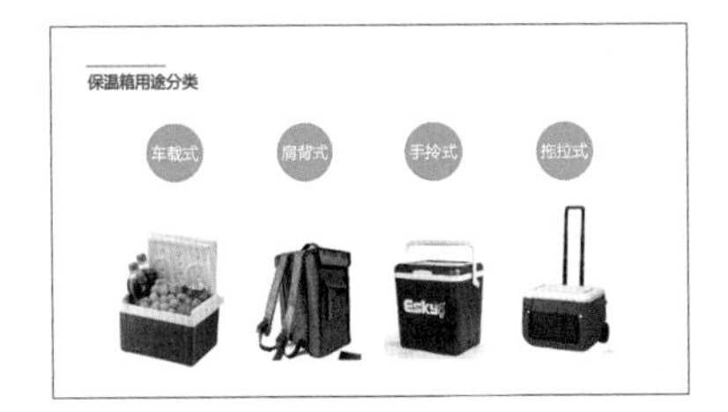

图 3-49　现有产品总体分析一

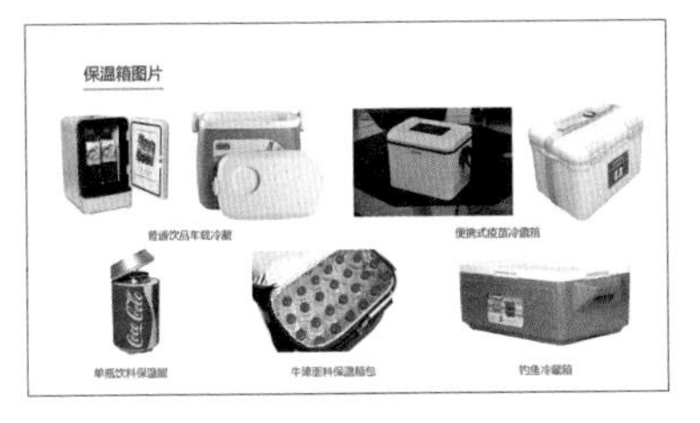

图 3-50　现有产品总体分析二

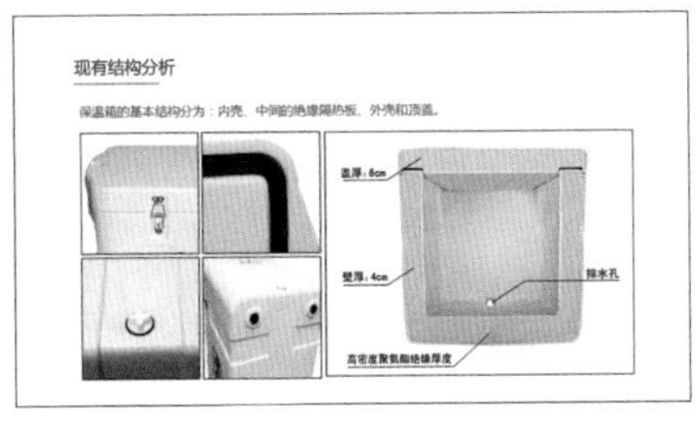

图 3-51　现有产品总体分析三

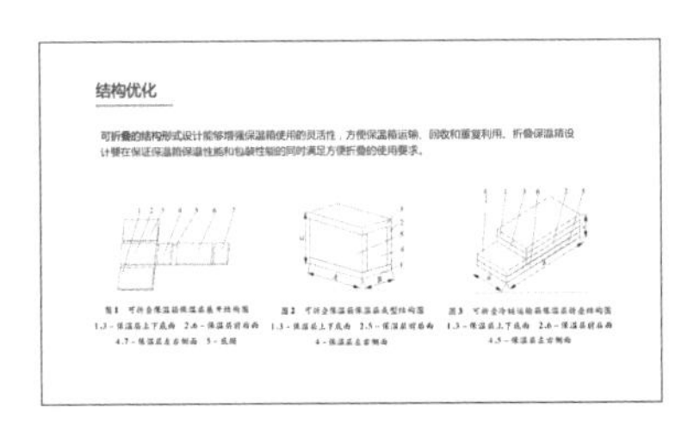

图 3-52　现有产品总体分析四

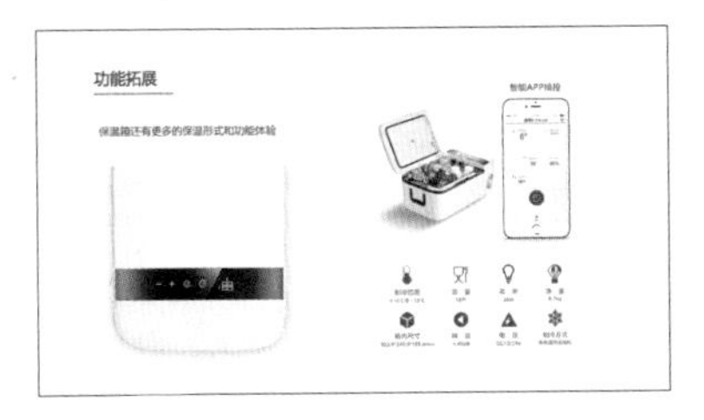

图 3-53　现有产品总体分析五

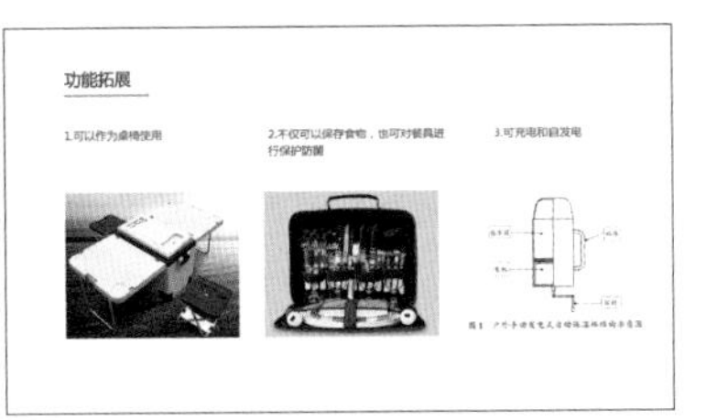

图 3-54　现有产品总体分析六

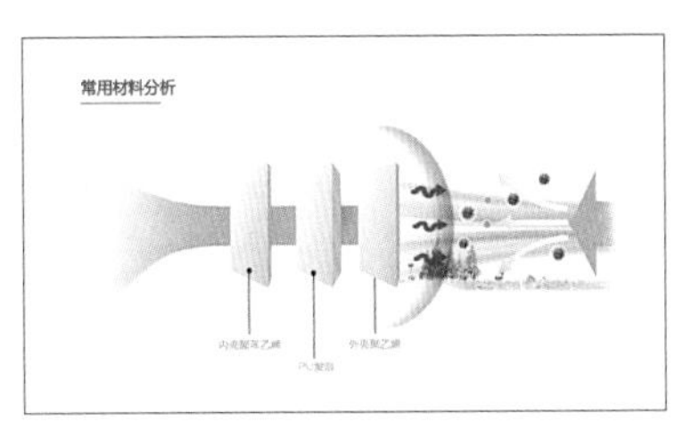

图 3-55　现有产品总体分析七

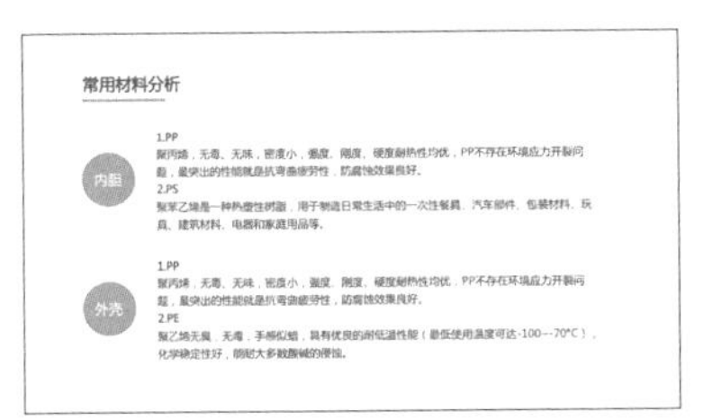

图 3-56　现有产品总体分析八

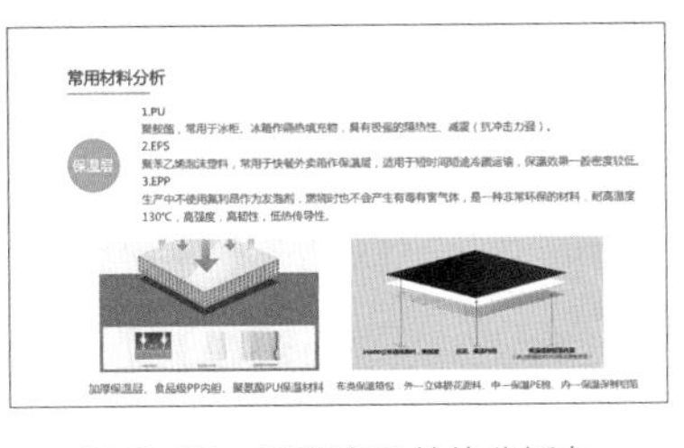

图 3-57　现有产品总体分析九

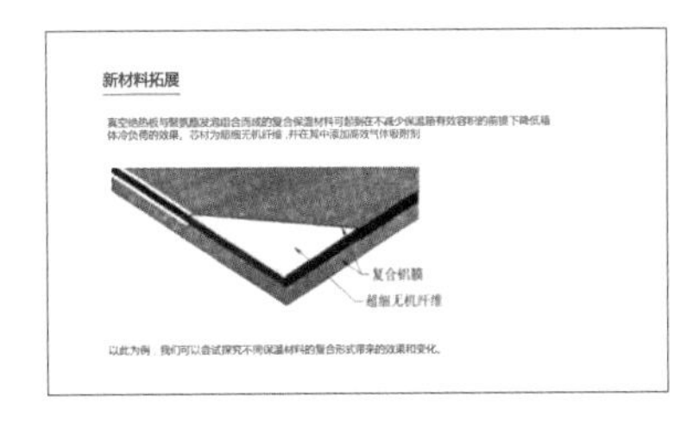

图 3-58　现有产品总体分析十

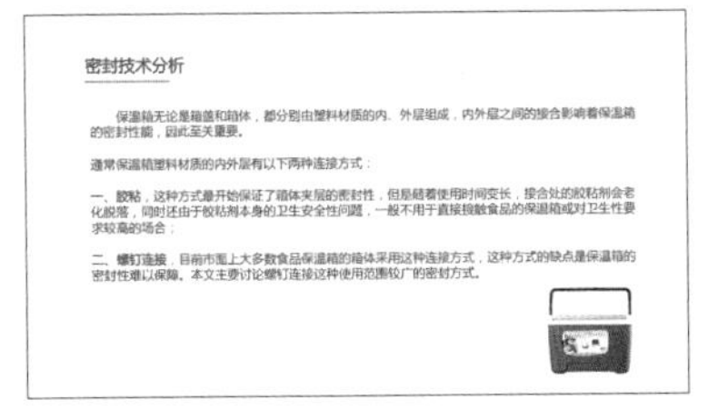

图 3-59　现有产品总体分析十一

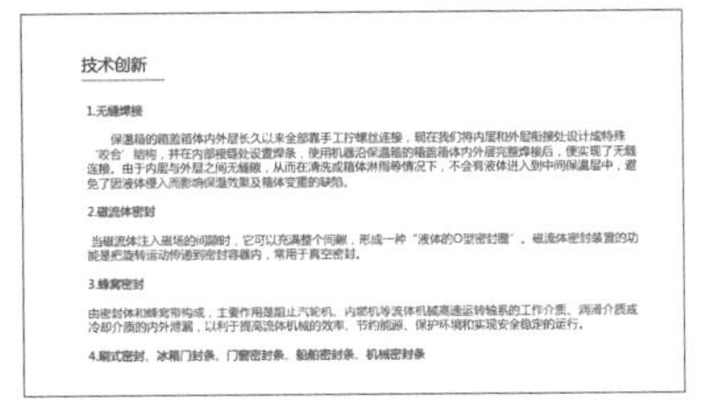

图 3-60　现有产品总体分析十二

图 3-61　产品使用方式总结

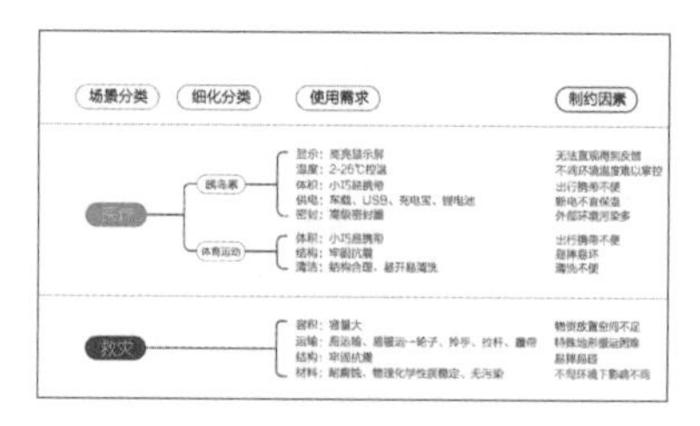

图 3-62　产品使用方式总结一

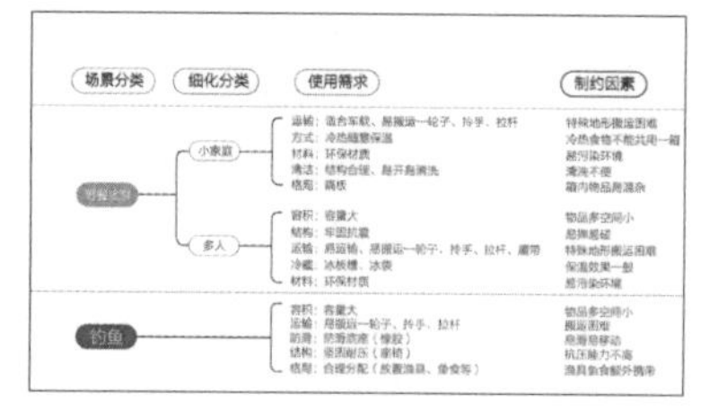

图 3-63　产品使用方式总结二

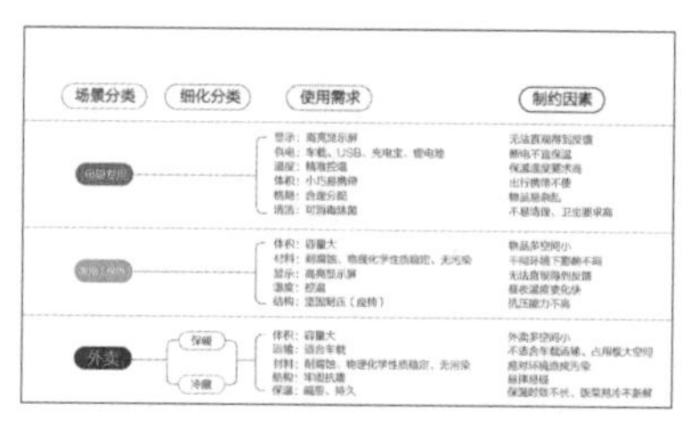

图 3-64　产品使用方式总结三

图 3-65　经典案例分析

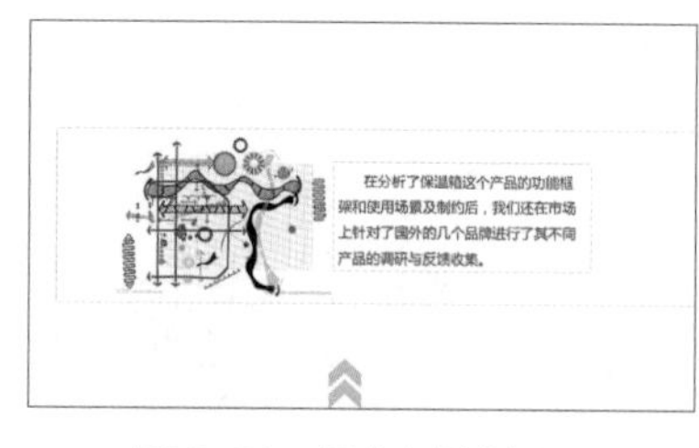

图 3-66　经典案例分析一

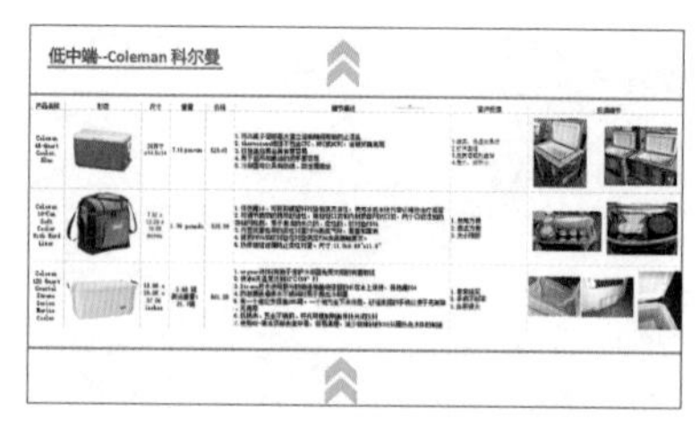

图 3-67　经典案例分析二

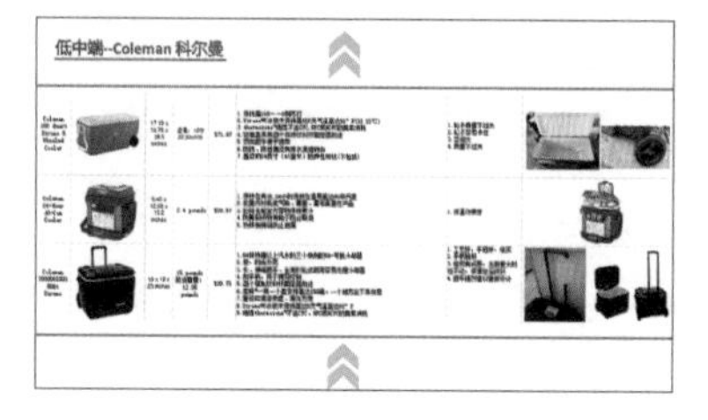

图 3-68　经典案例分析三

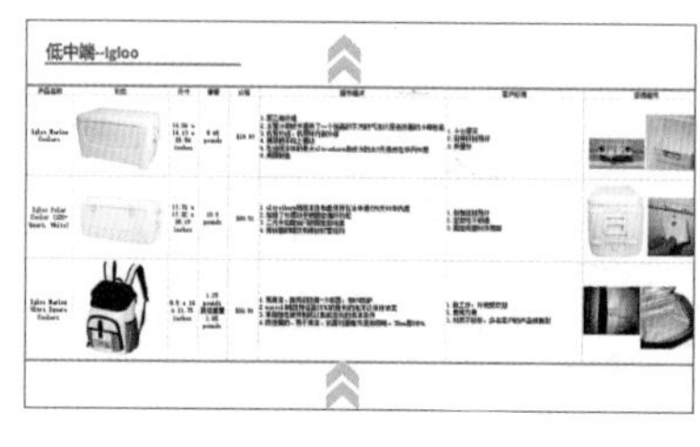

图 3-69　经典案例分析四

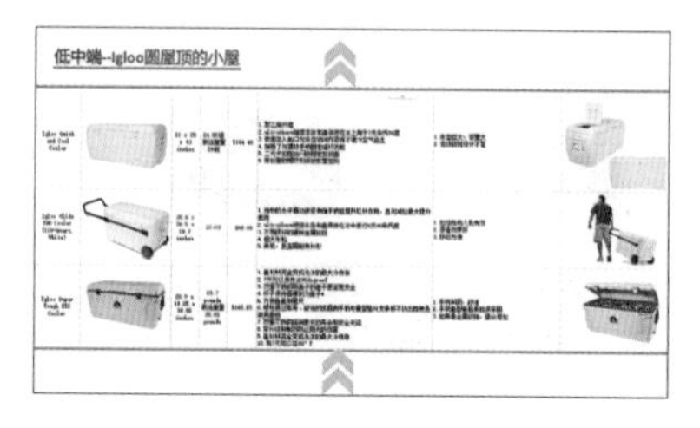

图 3-70　经典案例分析五

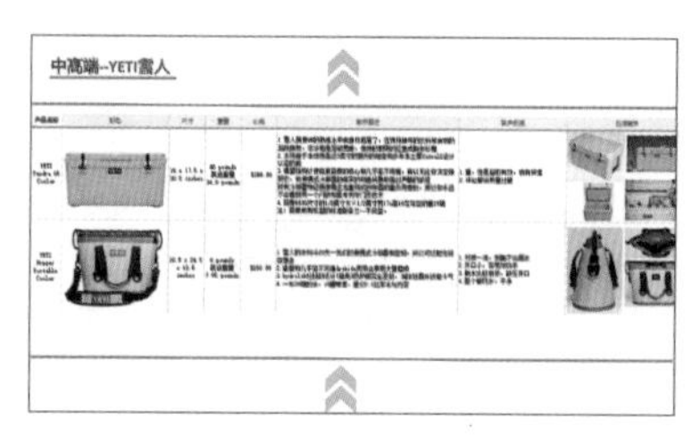

图 3-71　经典案例分析六

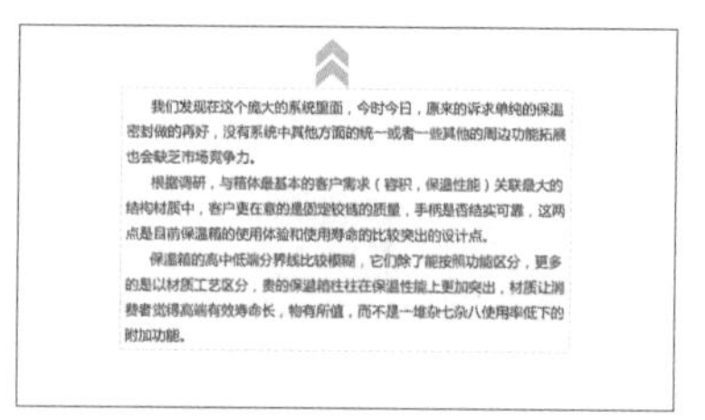

图 3-72　经典案例分析七

图 3-73　设计方向总结

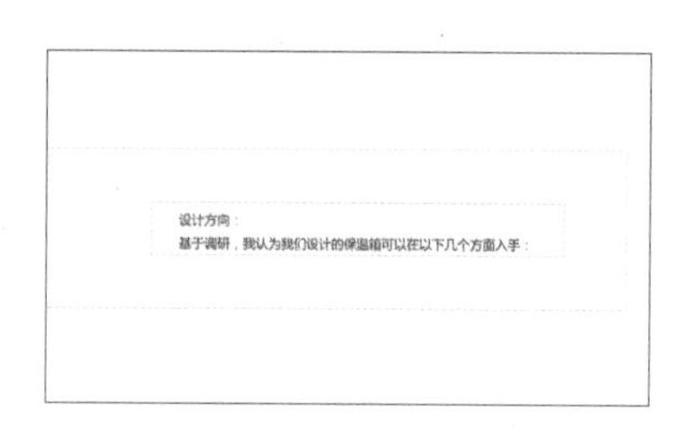

图 3-74　设计方向总结一

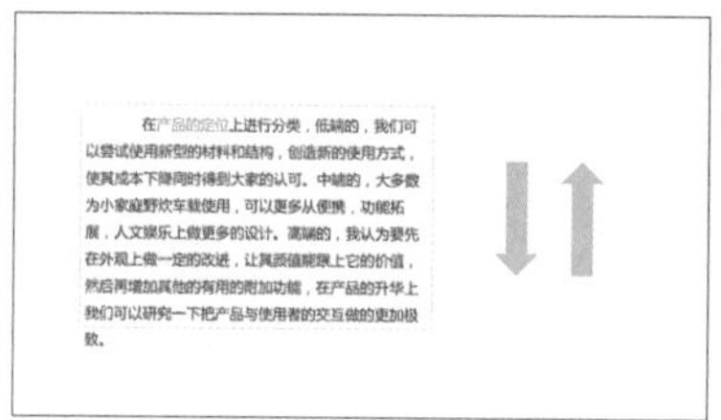

图 3-75　设计方向总结二

图 3-76　设计方向总结三

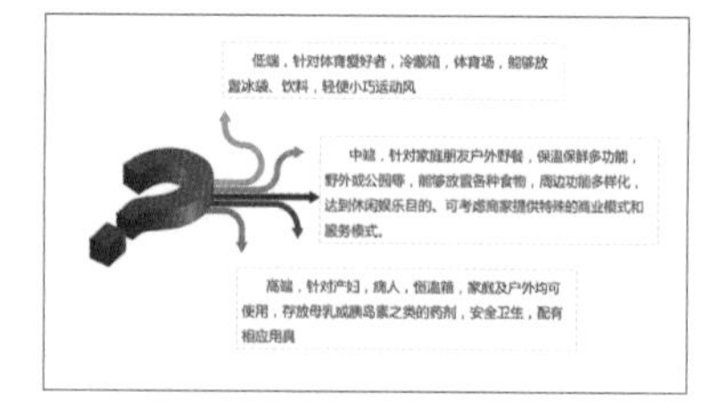

图 3-77　设计方向总结四

图 3-78　产品系统设计

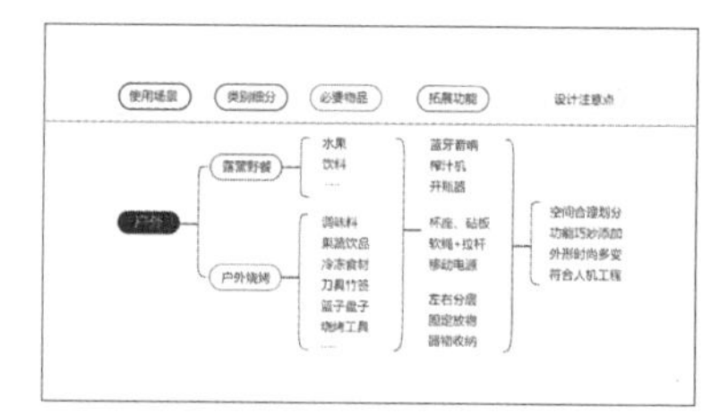

图 3-79　产品系统设计一

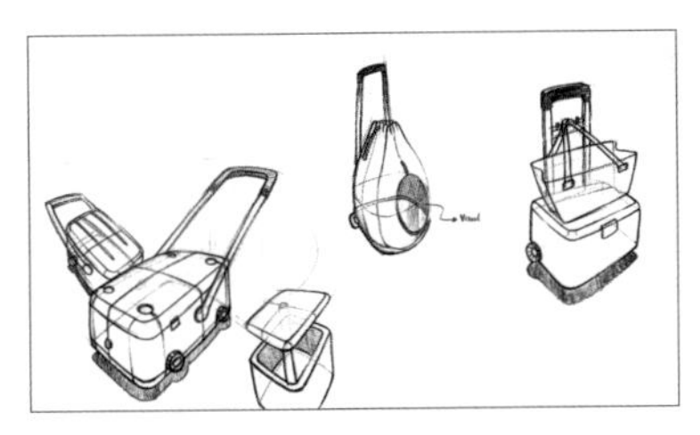

图 3-80　产品系统设计二

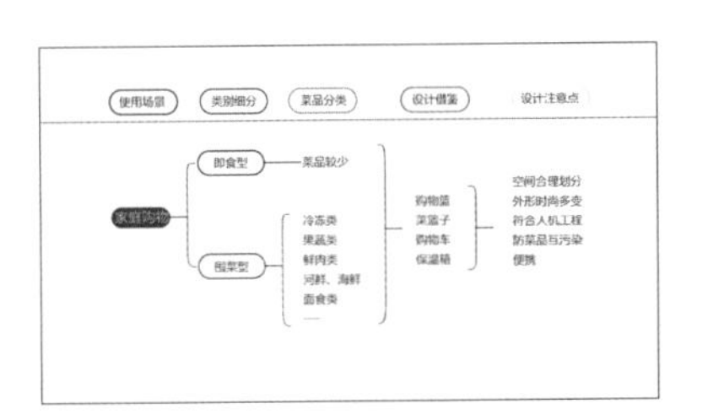

图 3-81　产品系统设计三

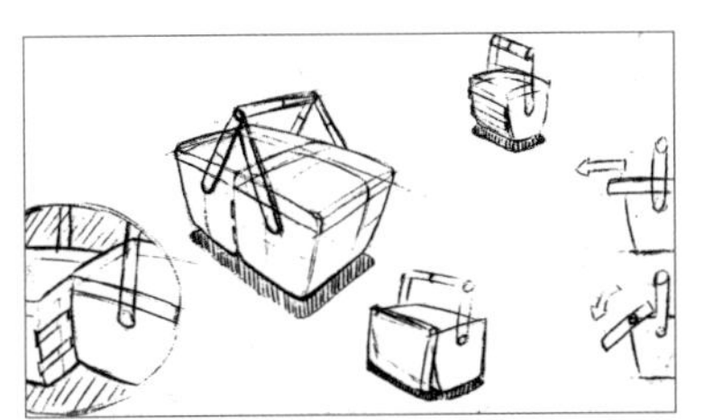

图 3-82　产品系统设计四

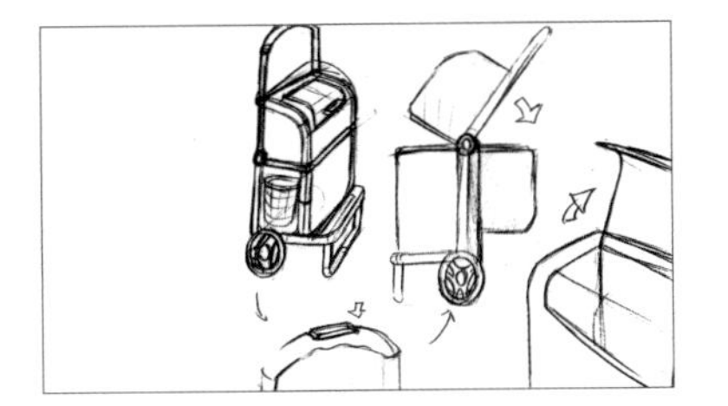

图 3-83　产品系统设计五

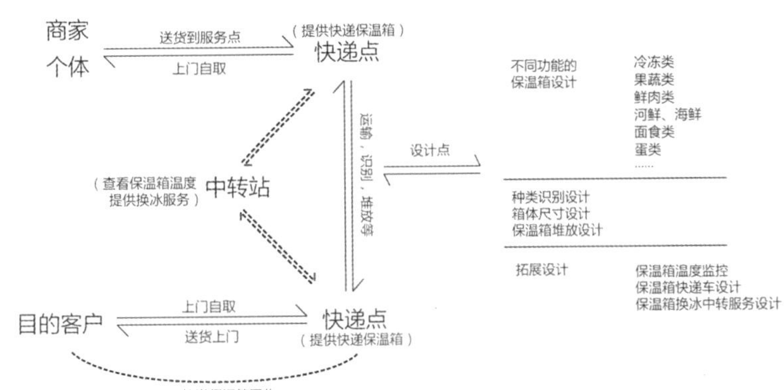

图 3-85　产品系统设计展示

图 3-84　服务模式创新设计

设计的最后呈现包括：系列化的保温箱产品、拓展功能后的快递保温箱其营运商业模式的规划与计划。

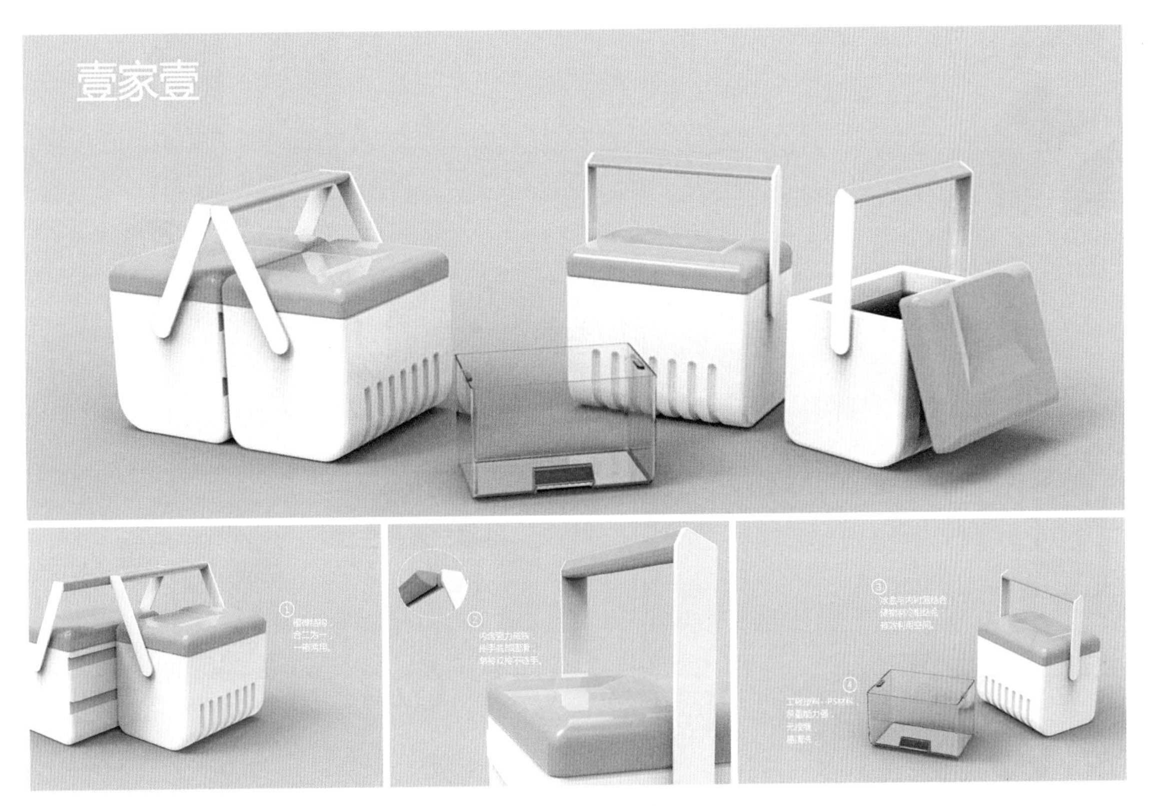

图 3-86　产品系统设计展示一

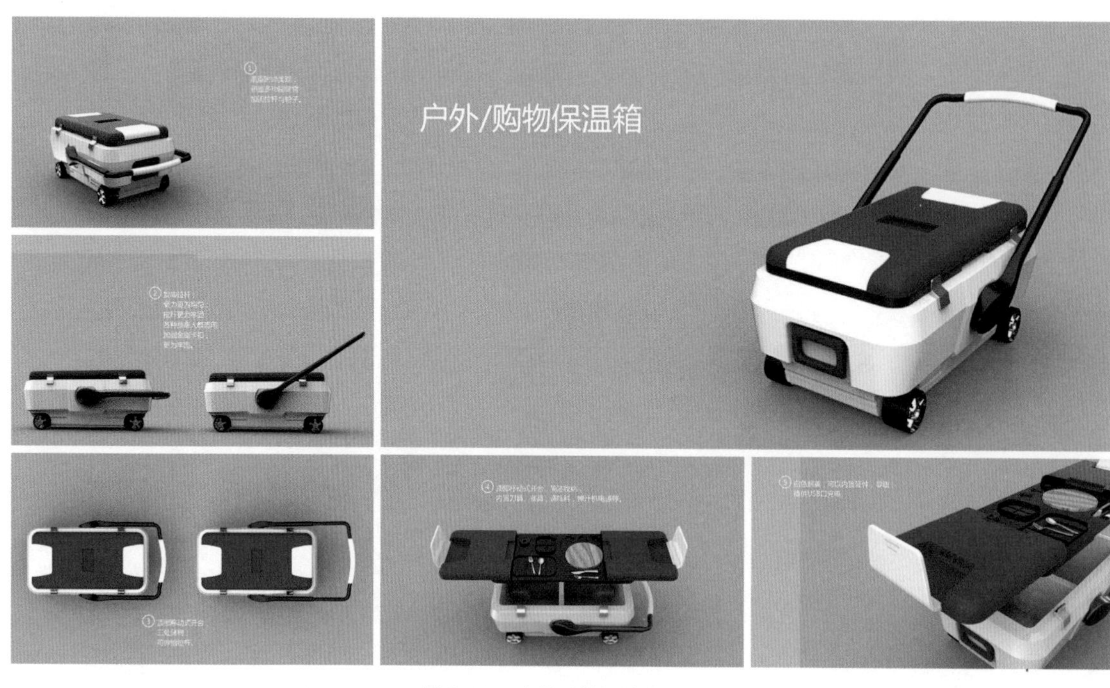

图 3-87 产品系统设计展示二

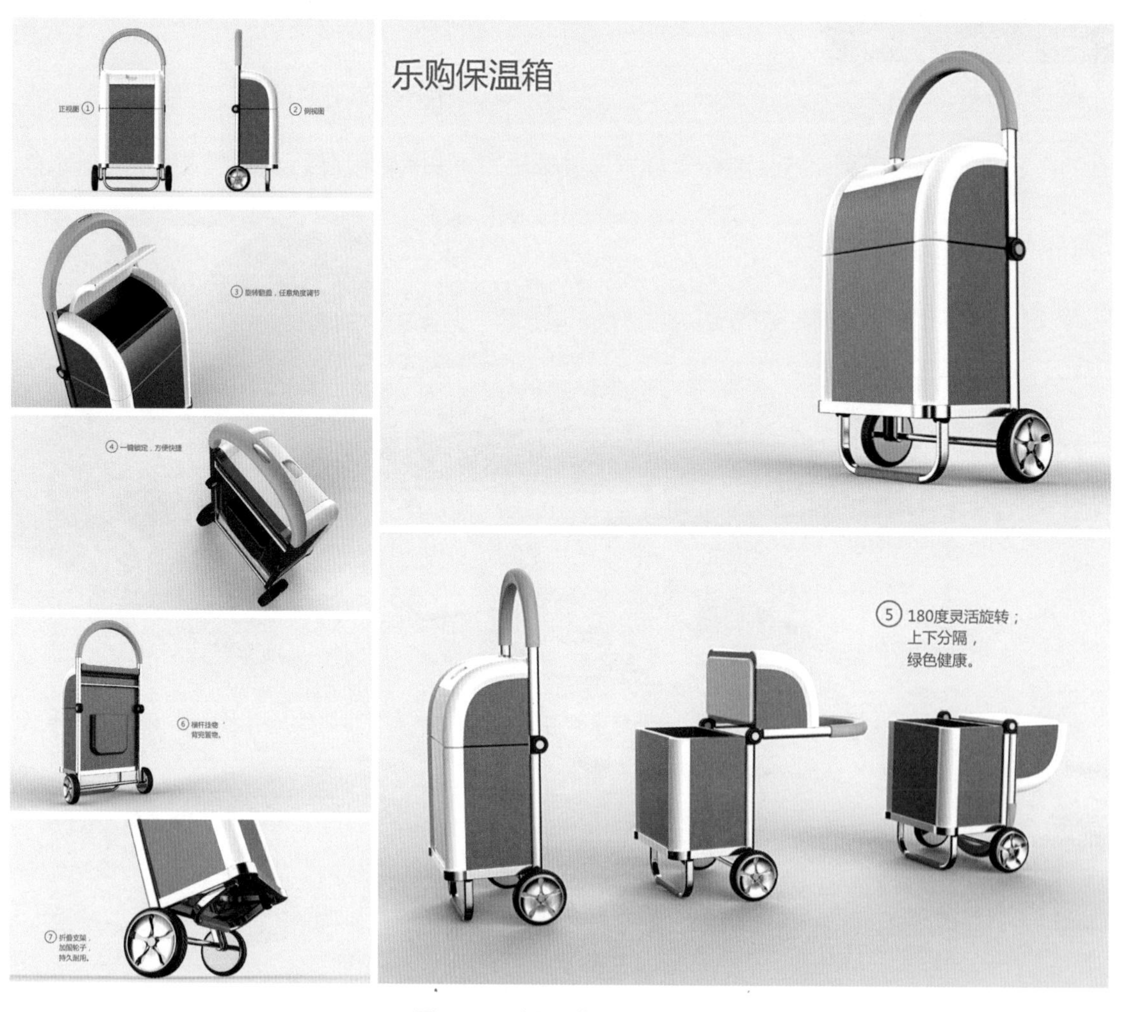

图 3-88 产品系统设计展示三

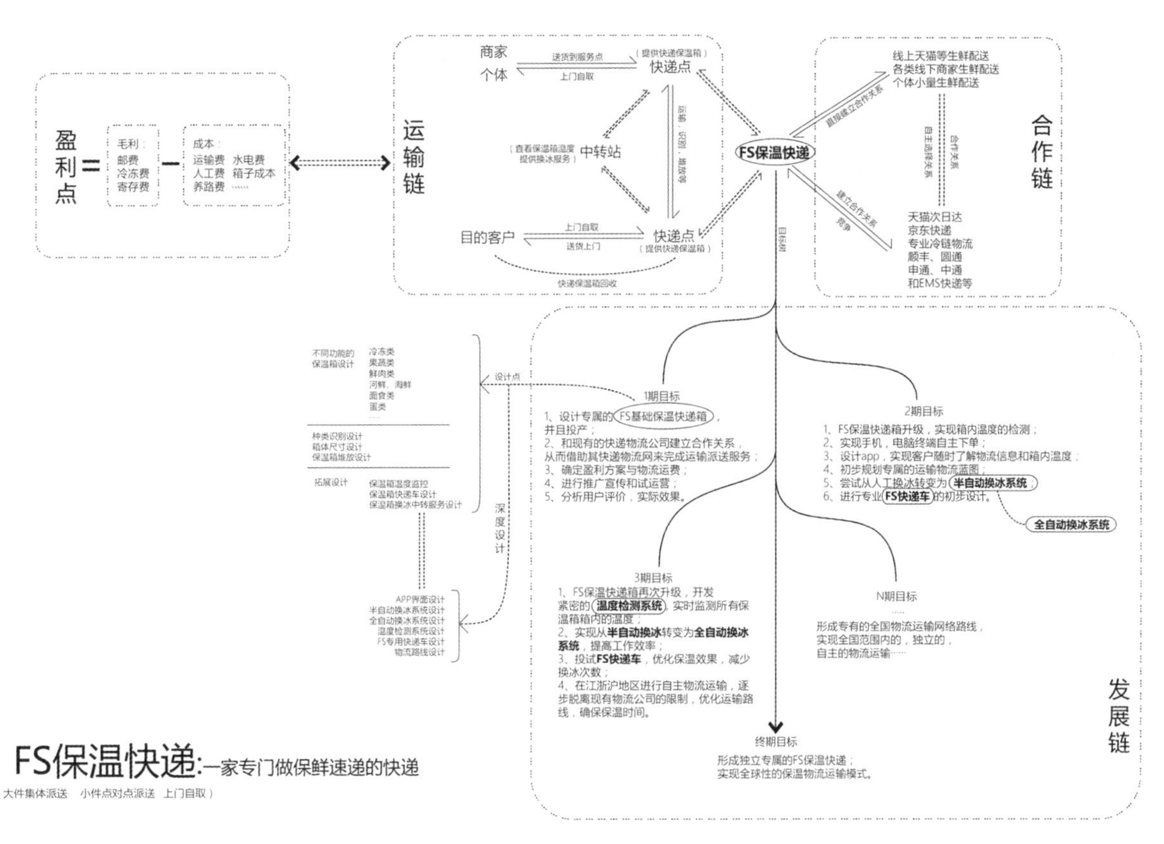

图 3-89 产品服务系统创新设计架构

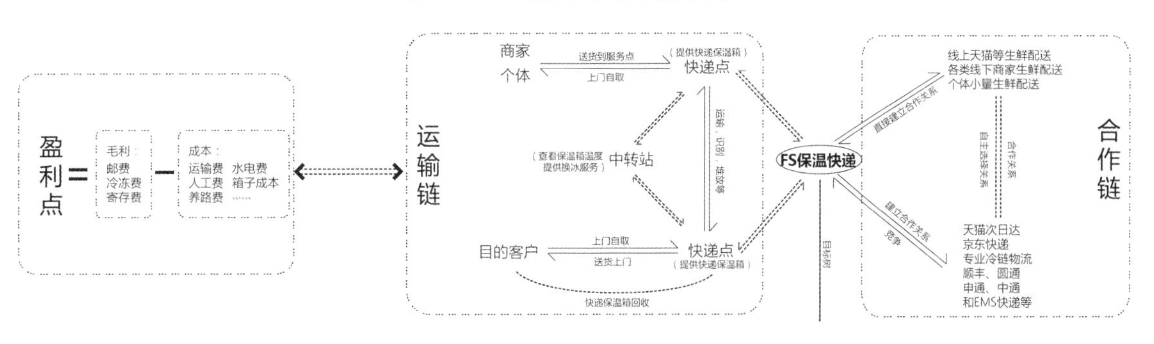

图 3-90 产品服务系统创新设计架构细节

图 3-91 产品系统设计展示

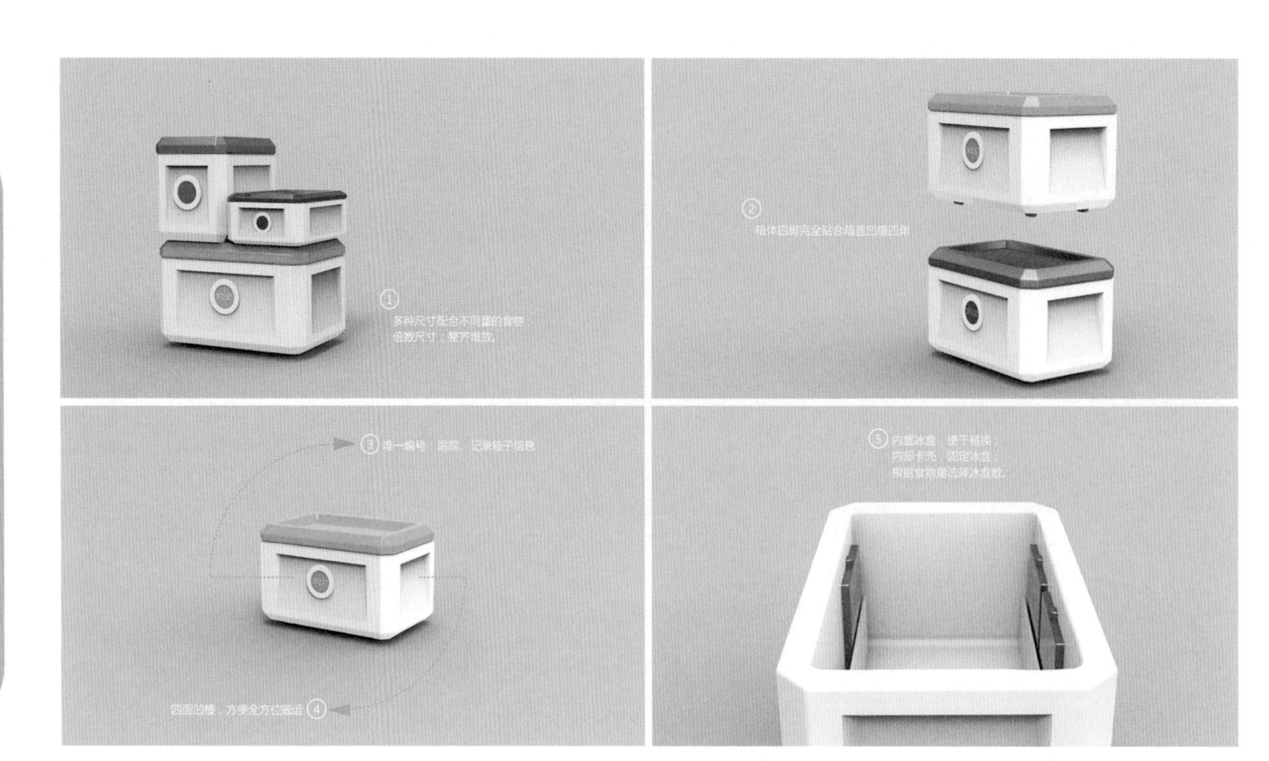

图 3-92　产品系统设计细节展示

以上是两个关于产品系统设计课程作业的展示，总体来说，两个组作业的基本程序是正确的。对产品设计的系统观也有较好的理解，能够在系统观的指引下随着课题的深入，一步步地将最初的设计理念系统化、系列化、深入化，最后在产品硬件的基础上，进行了相应的服务系统的规划与设计，达到了教学预期的目的。但，毕竟是在校学生的课程作业，在课题的设计过程中与实际结合方面的因素还考虑得不够，对生产和具体工艺的学习还有待加强，对技术的应用方面还比较概念化，技术调研环节还有待提高。应更进一步加强在设计课题的可实施性方面的论证与学习。

3.1.2　综合产品系统设计优秀案例分析

（1）Acela Express 快线设计

1999 年，美国著名的设计顾问公司 IDEO 在考虑美国铁路客运公司（Amtrak）阿塞拉高速列车（Acela Express）的室内设计项目时，提出了一个系统的解决方案，将重心放在乘坐火车的体验而不是火车本身，把火车服务分为 10 个步骤：了解线路、时间表、价格、计划、开始、进站、购票、等待、上车、乘车、抵达，对整个乘车服务系统设计进行了概念重构。通过对大量旅客和美国国家铁路客运公司员工的调研，IDEO 提出了诸多建议：包括旅客的座椅能够转动，以便使旅客可以选择面对面的交流；车厢里设置会议桌、专用插座、桌灯及移动电话，既方便旅客办公，也方便旅客就餐；车内采用现代感风格的设计，长途列车通常使用双层 Superliner 车厢或单层 Viewliner 车厢，两类车厢都包括布置各异的卧室，同时也提供专用和共用的卫生间和淋浴房，以便更好地满足商务人士、家庭团体等出行需求，如图 3-93~ 图 3-99 所示。为了体现列车的设计构思，IDEO 建造了一个模型，通过情景测试来研究空间、工作过程、家具、娱乐以及交流等各方面的需求，以达到更好的用户体验。

图 3-93 Acela Express 快线

图 3-94 Acela Express 快线内景

结果 Amtrak 创造了全美国最受欢迎的火车线路。

像 Acela Express 快线这样的公共交通设施，要面对的用户群体是复杂多样的。如何满足不同用户群体的不同需求，是设计者首先要面对的问题。由于文化的差异和基础设施的不同，IDEO 公司在大量调研的基础上，对 Acela Express 快线的设计目标定位是“愉快旅行的体验工具”。在这一目标的指引下，对设计要求的各个要点进行了系统的分析。首先是对关键词“愉快”的内涵理解，列出了在列车上，要实现这一体验功能的具体要求，包括空间的、设施的、服务的、行为的、感受的等方面的内容；然后，在此基础上，提出了具体的设计方向和设计措施，与此同时，各种提前的预设目标测试反复地在目标消费群体中进行测试与验证。比如，车厢内色彩设计环节，现在使用的蓝灰色就曾经过多轮的论证与测试。我国动车“和谐号”的座位色彩设计曾借鉴 Acela Express 快线的色彩设计经验，但是，在整体的内部色彩设计上却与预期的效果有些差异，那是因为两个列车的目标用户的差异。

图 3-95 Acela Express 座位空间

考虑到特殊人群的特殊需求是公共设施设计必须设计的内容。在 Acela Express 快线上的轮椅空间的预留、小桌子的特殊化设计、呼唤机构的设置等都充分地考虑到了特殊群体的实际需求。通用设计的核心理念在 Acela Express 快线上得到了很好的体现。

图 3-96 Acela Express 轮椅空间

Superliner 私人小室空间布局（图片来源：Amtrak 官网）

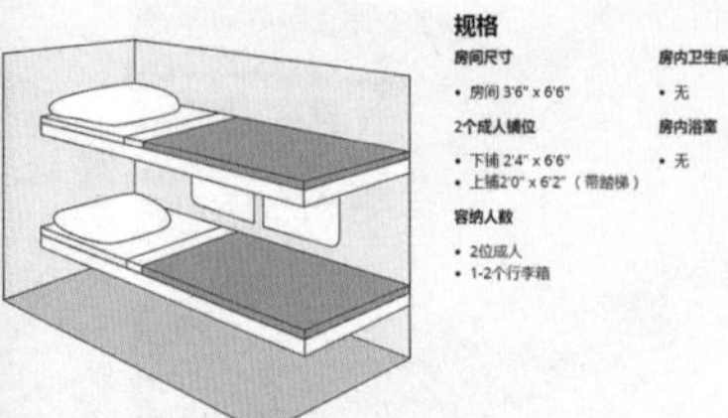

图 3-97　Superliner 单人小室设计

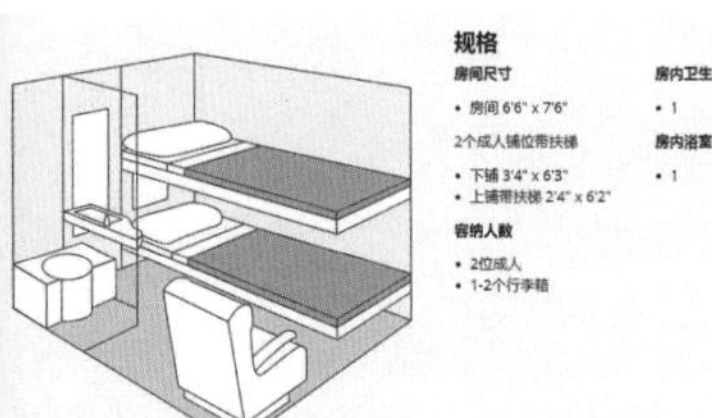

图 3-98　Superliner 卧室套房设计

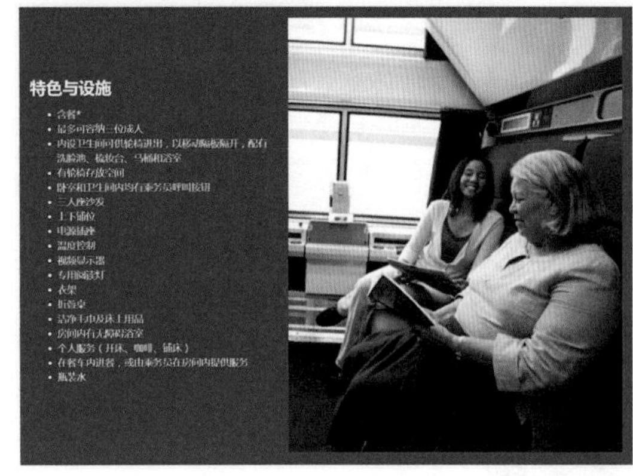

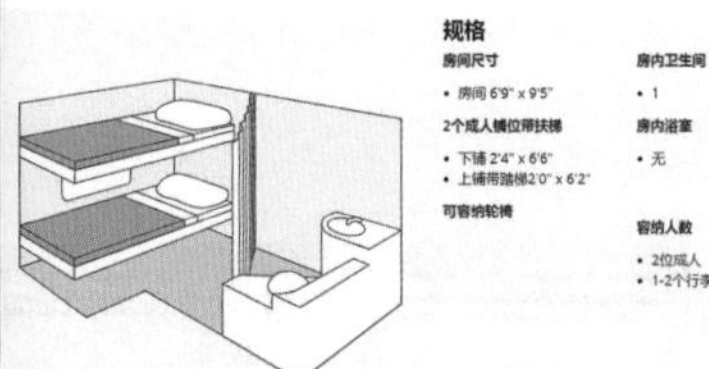

图 3-99　Superliner 无障碍卧室设计

（2）Pharmacy service——IDEO 处方送货系统

患有慢性疾病的人群常常要面临一个苦恼，就是去医院拿药需要排很长的队。而对于患病的老人，每天要服用各种各样的药物，有时候自己会不记得该吃什么药，吃多少药。针对这些问题，PillPack 公司与 IDEO 合作提供一种新的药物服务思路，设计一种处方送货系统：病人与医生线上联系，诊断病情后医生将处方直接发送给 PillPack 的药剂师，PillPack 负责将药物（包括补充剂、非处方药、维生素和增补剂）进行分类，再加上个性化的包装。这些整齐的小包裹将被送到顾客的家门口。IDEO 对于药品的包装分类做了很好的设计，设计了一个旅行袋，方便用户随身携带，如图 3-100~图 3-104 所示，是一个服务老龄化社会的很有意义的项目。

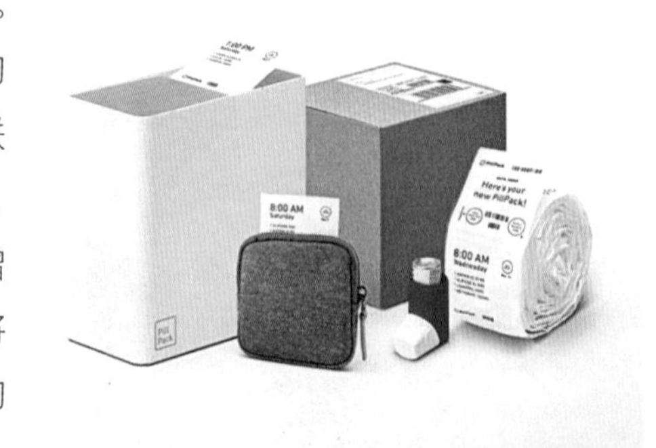

图 3-100　PillPack 跟 IDEO 合作的药物服务系统

药剂师提前根据日期和时间分类，将药丸塞进分类机器的孔里。

图 3-101　药物服务系统使用过程一

机器再将药丸打包好，装进印好服用日期和时间的包装袋里面。

图 3-102　药物服务系统使用过程二

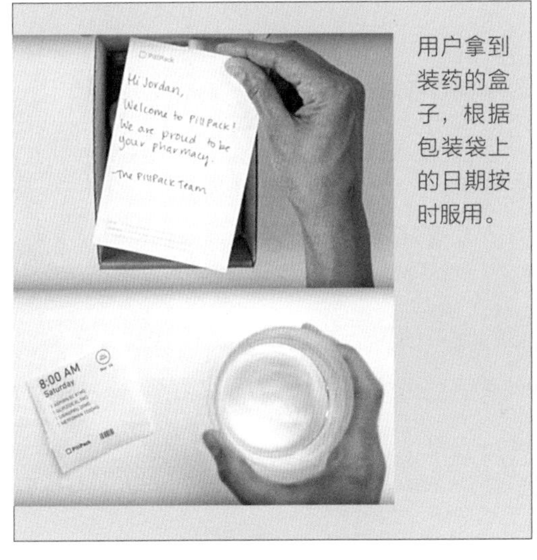

用户拿到装药的盒子，根据包装袋上的日期按时服用。

图 3-103　药物服务系统使用过程三

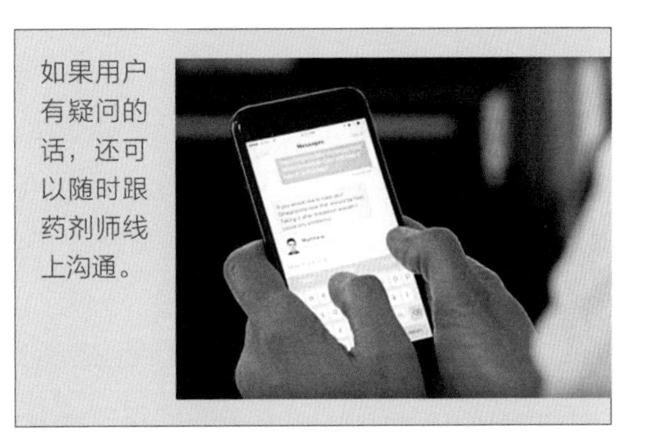

如果用户有疑问的话，还可以随时跟药剂师线上沟通。

在中国老龄化社会越来越严重的今天，关于老龄化社会的设计主题必将成为未来设计界长期持续研究的课题。

图 3-104　药物服务系统使用过程四

3.2　网络资源导航

3.2.1　网站类学习资源

1）https://cn.ideo.com/（全球领先的商业创新咨询机构，推荐访问。IDEO 是一家屡获大奖的全球创新设计公司，成立于 1991 年。IDEO 推广以人为本的设计，且一直走在“用设计创造转变”的前沿，网站包含该公司为全球企业服务的众多优秀设计案例，涉及商业模式、产品、服务、交互、体验、品牌等领域。）

2）http://www.directionconsultants.co.uk/（介绍服务设计方法、工具、书籍，侧重理论研究）

3）http://www.servicedesigntoolkit.org/（介绍服务设计方法论，里面包含服务设计的案例）

4）https://www.service-design-network.org/case-studies#（介绍全区服务设计优秀案例）

5）https://www.sohu.com/a/253395999_292909（汽车座椅 CMF 分析案例）

6）https://www.pinterest.com（全球最大的图片创意分享网站）

7）http://www.jomeesters.nl/index.php（菲律宾设计师——注重材料探索和创新环保者）

8）http://www.mottimes.com/（明日志是台湾一家专注于家具和建筑设计的线上专业媒体网站，

针对家具、室内、建筑、城市、艺术等领域，每日更新全球第一手的设计新闻，每周更新趋势报道、焦点人物及深度分析报道，每月有特定设计议题系列报道及深度专题，并定期推出全球百大设计人物、品牌经营者专访。）

9）http://www.productdesignforums.com/（一个国外产品设计论坛，内容包括主题讨论、作品展示、技能、求学与就业等板块。）

3.2.2 公众号类学习资源

1）CMF 设计军团号：专注于 CMF 探索研究及分享传播。

2）普象工业设计小站：分享工业设计的干货，送你设计早餐。

3）中国工业设计协会：中国工业设计师的“家”。

4）想哥的工业设计：一个工业设计师的实用经验分享。

5）zcool-com-cn：不仅有原创设计分享，还有这些设计背后的故事。

6）ali-taobaoued：团队致力于互联网产品的用研、交互、视觉、品牌设计与服务体验。

7）yongyanyoudianxian：来自网易产品发展部的用户研究，主要分享项目经验和思考。

8）宽传播（Kuangroup）：来自云南昆明，是一家专业咨询机构，以品牌顾问、服务设计、全案推广、网络互动为核心，致力于为客户解决全链路问题。

9）服务设计茶山：分享服务设计、用户体验、交互设计等领域的行业信息、观点及个人见解。

10）CONTINUUM：全球顶尖创新设计咨询，中文名与发音近似“肯定牛”。

11）服务设计资源网：分享服务设计的国内、国际最新动态，全球优秀的服务设计实践与案例，国际最权威的服务设计杂志《Touchpoint》的中文版文章。

12）清华美院服务设计研究所：每日发布研究所教学、科研、实践和活动信息。

13）写给大家看的服务设计：分享服务设计学习的点滴见识与思考。

3.2.3 推荐阅读书目

1）《设计思维》，[美]迈克尔·G. 卢克斯，等编，马新馨译，中国工信出版集团，2018.

2）《事理学论纲》，柳冠中，中南大学出版社，2006.

3）《交互设计：原理与方法》，顾振宇，清华大学出版社，2016.

4）《MAKING IT：设计师一定要懂的产品制造知识》，Chris Lefteri，旗标出版股份有限公司，2013.

5）《设计思考改造世界》，Tim Brown，联经出版公司，2010.

6）《设计的悖论》，[日]黑川雅之，中国青年出版社，2018.

7）This Is Service Design Thinking，Marc Stickdorn 著，Wiley 出版，2012.

8）Service Design，Andy Polaine/Lavrans L.vlie/Ben Reason 著，Rosenfeld Media 出版，2013.

9）Design for Services，Dr Anna Meroni/Dr Daniela Sangiorgi 著，Gower 出版，2011.

10）《服务设计微日记》，茶山，电子工业出版社，2015.

参考文献

[1] 郭雷. 系统科学进展 [M]. 北京：科学出版社，2017.

[2] 苗东升. 系统科学精要 [M]. 北京：中国人民大学出版社，2010.

[3] 王雨田. 控制论、信息论、系统科学与哲学 [M]. 北京：中国人民大学出版社，1986.

[4] （美）迈克尔 · G. 卢克斯，K. 斯科特 · 斯旺，阿比 · 格里芬. 设计思维 [M]. 马新馨译. 北京：中国工信出版集团，2018.

[5] 吴翔. 产品系统设计 [M]. 北京：中国轻工业出版社，2016.

[6] 李奋强. 产品系统设计 [M]. 北京：中国水利水电出版社，2017.

[7] 王昀，刘征，卫巍. 产品系统设计 [M]. 北京：中国建筑工业出版社，2014.

[8] 郑国裕，林磐耸. 色彩计划 [M]. 台北：艺风堂，1987.

[9] 宋建明. 色彩设计在法国 [M]. 上海：上海人民美术出版社，1999.

[10] 王受之. 世界现代设计史 [M]. 北京：中国青年出版社，2002.

[11] （德）雅各布 · 施耐德，（奥）马克 · 斯迪克. 服务设计思维 [M]. 郑军荣译. 南昌：江西美术出版社，2015.

[12] 王效杰. 工业设计趋势与策略 [M]. 北京：中国轻工业出版社，2009.

[13] （美）唐纳德 · A · 诺曼. 情感化设计 [M]. 付秋芳，程进三译. 北京：电子工业出版社，2005.

[14] （美）乔纳森 · 卡根，克莱格 · 佛格尔. 创造突破性产品 [M]. 辛向阳，潘龙译. 北京：机械工业出版社，2004.

[15] （美）艾 · 里斯，杰克 · 特劳特. 定位 [M]. 王恩冕，于少蔚译. 北京：中国财政经济出版社，2002.

[16] （美）杰克 · 特劳特，斯蒂夫 · 瑞维金. 新定位 [M]. 李正栓，贾纪芳译. 北京：中国财政经济出版社，2002.

[17] 初晓华. 通用设计方法 [M]. 北京：中央编译出版社，2015.

[18] 顾振宇. 交互设计：原理与方法 [M]. 北京：清华大学出版社，2016.

[19] （美）比尔 · 莫格里奇. 关键设计报告 [M]. 许玉铃译. 北京：中信出版社，2011.

[20] 李冬，明新国，孔凡斌等. 服务设计研究初探 [J]. 机械设计与研究，2008，24（6）：6-10.

[21] （英）戴维 · 布莱姆斯顿. 产品材料工艺 [M]. 赵超译. 北京：中国青年出版社，2010.

[22] 周晓江，潜铁宇. 社会功能在限制性产品设计和引导性产品设计中的体现 [J]. 包装工程，2008（05）：138-140.

[23] Shostack, G. L. Designing services that deliver[J]. Harvard Business Review, 1984, 62(1): 133-139.

[24] Chu D. X., Tauchi T., Terauchi F., Kubo M., Aoki H. Study on current situations of

Service Engineering research and necessity of product value creation[J]. Bulletin of Japanese Society for the Science of Design, 2009, 56(6): 65-72.

[25] 楚东晓. 服务设计研究中的几个关键问题分析 [J]. 包装工程，2015，36 (16)：111-116.

[26] 王展. 基于服务蓝图与设计体验的服务设计研究及实践 [J]. 包装工程，2015 (12)：41-44.

[27] 肖金花. 基于满意度提升的集体自助养老服务设计研究 [D]. 西安：西北工业大学，2016.

[28] Karmarker U.Will you survive the services revolution[J]. Harvard Business Review, 2004,82(6)：100.

[29] 罗仕鉴，胡一. 服务设计驱动下的模式创新 [J]. 包装工程 ，2015，36 (12)：1-4.

[30] 肖金花，俞书伟，余隋怀. 特大城市可持续养老模式设计研究 [J]. 城市发展研究，2015，22 (7)：97-105.

[31] 度本图书. 国际产品设计师手绘集：创意 · 深化 · 表达 [M]. 赵侠译. 北京：中国青年出版社，2015.

[32] (美) 比亚克 · 哈德格里姆松. 产品设计的原型与模型 [M]. 杨久颖译. 台北：旗标出版股份有限公司，2013.

[33] 刘星，周晓江. 工业设计在三维打印时代面临的发展变化 [J]. 包装工程，2011，32 (12)：104-107+138.

[34] Roth, A.V., Mendor, L. J. Insights into service operations management: A research agenda[J]. Production and Operations Management, 2003, 12(2): 145-164.

[35] Sasser, W. E., Olsen, R. P., Wyckoff, D. D. Management of service operations[M]. Boston. MA: Allyn and Bacon, 1978: 1-66.

[36] Edvardsson, B., Olsson, J. Key concepts for new service development[J]. The Service Industries Journal, 1996, 16: 140-164.

[37] Lovelock, C. H., Vandermerwe, S., Lewis, B. Services Marketing: A European Perspective[M]. Harlow: Prentice-Hall, UK. 1999: 27-30.

[38] Grönroos, C. Service Management and Marketing: A Customer Relationship Management Approach[M]. NewYork: JohnWiley & Sons, Ltd. 2000: 45-50.

[39] Goldstein, S. M., Johnston, R., Duffy, J. A., Rao, J. The service concept: the missing link in service design research? [J] Journal of Operations Management, 2002, 20: 121-134.

[40] 肖金花，俞书伟，余隋怀. 特大城市可持续养老 CSE 服务系统方案设计 [J]. 计算机工程与应用，2016 (17)：1-10.

[41] 茶山. 服务设计微日记 [M]. 北京：电子工业出版社，2015.